浙江省"十三五"省级产学合作协同育人项目
浙江省"尖兵"研发攻关计划项目（2022C03039）

绿色低碳 与 包装创新设计

王丽 著

Green & Low-Carbon and
Innovative Packaging Design

U0288548

化学工业出版社
·北京·

内容简介

本书围绕绿色低碳和包装创新两个视角，阐述了包装产业的"双碳"时代背景、目前现状、设计趋势及创新的设计流程，对其未来的前景和应用价值进行了展望。本书把包装的全生命周期分为八个环节：设计、材料、生产、物流、仓储、销售、使用及回收，根据包装八个环节过程中出现的一些非低碳问题，以问题为导向，结合当下的政策提出了相应的减排策略。实践案例部分选取了中国包装创意设计大赛2017—2021年间获奖的部分优秀学生作品，并从创新和绿色低碳两个角度进行综合评价，使读者能从中获取灵感，得到启发，并能在未来的设计中将绿色低碳作为包装设计的主导。

图书在版编目（CIP）数据

绿色低碳与包装创新设计/王丽著. —北京：化学工业出版社，2022.6
　ISBN 978-7-122-41374-1

　Ⅰ．①绿…　Ⅱ．①王…　Ⅲ．①包装设计
Ⅳ.①TB482

中国版本图书馆CIP数据核字（2022）第077063号

责任编辑：陈　喆　王　烨　　　　装帧设计：王晓宇
责任校对：刘曦阳

出版发行：化学工业出版社
　　　　（北京市东城区青年湖南街13号　邮政编码100011）
印　　装：涿州市般润文化传播有限公司
710mm×1000mm　1/16　印张10$\frac{1}{2}$　字数207千字
2022年6月北京第1版第1次印刷

购书咨询：010-64518888　　　　售后服务：010-64518899
网　　址：http://www.cip.com.cn
凡购买本书，如有缺损质量问题，本社销售中心负责调换。

定　　价：69.80元　　　　　　　　版权所有　违者必究

前言 PREFACE

实施可持续发展战略、积极保护生态环境、促进人与自然和谐共存，这是全人类共同面临的问题。进入21世纪以来，全球各个国家、地区纷纷倡导低碳理念经济模式，实现对自然资源高效率、循环化运用，力求实现对生态环境影响程度达到最小化状态。随着人们对"绿色包装""低碳环保"问题的关注，绿色低碳的包装也成为未来发展的趋势，以低能耗、低污染、低排放为基础的绿色低碳的可持续理念已经渗入到人们日常生活的各个角落。绿色低碳的包装设计不仅是时代的号召，更是每位设计从业者的责任与义务，我们要了解碳达峰、碳中和的意义和包装全生命周期碳减排的途径，践行绿色低碳环保理念，为实现"双碳"目标作出自己的贡献。绿色低碳发展是保障民生、保护生态的科学理念，有利于未来社会与国家的发展。生态兴才能文明兴，为了未来人类与社会的利益，各行各业都应坚持绿色发展观，才能获得长远的经济效益与社会效益。

笔者在高校从教近20年，教学、科研、社会服务，一直从事跟农产品品牌推广设计相关的内容，在浙江省服务三农多年，作为浙江农林大学生态文明研究院的成员，实施生态产品的价值转化，秉持的就是绿色低碳发展理念。设计师维克多·巴巴纳克在其著作《为真实的世界设计》中以设计伦理的角度阐述了设计的目的，认为设计更应该关注环境中有限资源的问题，设计师不仅是产品的创造者，更能通过良好的设计潜移默化地影响人的生活方式，并带给人健康的消费观与绿色发展观，这是设计从业者应承担的社会责任。这也是笔者撰写本书的初心，作为一名设计师和教师双重身份的从业者，更应当通过绿色低碳发展理念的指导，实现包装设计各环节的低碳化，并通过自身的绿色设计原则与低碳设计策略，重新考虑包装设计中各环节的问题。

本书围绕如何实现包装低碳化这一问题，从绿色低碳和包装创新两个角度展开，并分成了三个部分。

第一部分（第一章、第二章）主要分析了包装产业的现状和趋势，通过分析绿色低碳理念下包装设计的发展，对其未来的前景和应用价值进行了阐述和展望；然后对其全产业链的八个环节：设计、材料、生产、物流、仓储、销售、使用及回收进行了辩证思考，并提出问题。第二部分（第三章）以前一部分提出的问题为导向，结合当下的政策提出了相应的减排策略。第三部分（第四章）选取了笔者指导学生参加中国包装创意设计大赛2017—2021年间获奖的部分优秀作品，从创新和绿色低碳两个方向进行综合评价，使读者能够清晰了解符合绿色低碳发展理念的包装作品，可以从中获取灵感，得到启发，并能在未来的设计中将绿色低碳作为包装设计的主导。

本书付梓在即，在此特别感谢浙江农林大学艺术设计学院、暨阳学院晨晓艺术设计学院各位领导与同事的支持、鼓励以及指导。感谢木言文化创意设计团队成员和浙江农林大学工业设计专业部分同学提供了优秀的设计作品。也感谢2021级研究生张斯琦、祝苗、彭叶怡、李文寒，和2020级研究生顾倩颖、刘浏、郑瀚霖、翁思佳、袁李等同学，他们付出了大量的时间和精力，帮助一起整理文稿和作品。还要感谢我的家人，他们是我稳定的大后方，我在工作中投入了百分之百的精力，在家庭中缺少了对父母、爱人、儿女的陪伴，唯有希望自己所有的努力都能有一个好的结果，以此来回报他们对我的默默支持。

王丽

2022年1月于浙江农林大学

目录 CONTENTS

上 篇

设计理论篇

第一章

包装创新设计概述

第一节 绿色低碳的时代背景

绿色低碳发展是当今时代科技革命和产业变革的鲜明特征，是推动我国经济社会高质量发展的内在要求。在实现碳达峰、碳中和目标背景下，设计领域的绿色低碳应发展什么？怎么发展？这是我们围绕"双碳"目标推动产业发展必须要解决的一个问题。

绿色低碳产业中的"绿色低碳"代表的是一种发展方式，也意味着未来产业发展的方向和基本特征。推进产业向绿色低碳转型已经成为全球经济竞争的关键。在设计领域，由于其自身的特点及其在整体生态系统中的地位，决定了它为绿色环保发展作贡献的必要性。由此绿色低碳作为新的设计原则之一被提倡宣传，成为新的设计风潮。

绿色低碳与可持续设计

绿色低碳设计的核心是可持续发展、资源节约与环境友好。为了应对地球环境的变化和资源的消耗，世界自然保护国际联盟（IUCN）在20世纪70年代末80年代初提出了可持续发展概念，它影响到了人类生活的各个方面。

在生态文明建设的今天，我们更加需要从可持续发展的角度加以考虑，树立"从摇篮到摇篮"的理念，学习大自然的循环方式，将所有东西都视为某种可以回归自然的养分。可持续设计是一种合理开发使用资源的方式，从设计的角度出发，综合考虑环境、经济、社会等不同方面的问题，既能满足消费者的需求，又能避免不必要的资源浪费。可持续设计与传统产品设计的区别在于，它通常是用整体思维即全生命周期来对产品进行设计，需要设计师从产品设计之初就构想好最终的处理，使产品报废后能成为原料进入其他循环程序，成为其他生态链的新养分，使物质不断循环使用。除了传统的美学法则，可持续设计更注重产品在减量、环保、高效、健康等方面的因素。"减量""环保""高效""健康"是衡量一个设计是否"可持续"的四个最基本的方面。可持续设计不仅是单纯强调生态自然保护，更是提倡兼顾用户、社会、环境多方角度和需求的一种新型系统方法，目的在于引领先进、绿色的消费模式。

在可持续发展理念指导下，发展以低能耗、低污染为基础的低碳经济，被广泛认为是继工业革命后改变全球经济的又一次革命浪潮，也是实现人类社会与自然环境和谐发展的必经之路。低碳经济（Low Carbon Economy）的主要特点是减少温室气体排放，建立以低能耗和低污染为基础的经济发展体系，包括低碳能源系统、低碳技术和低碳工业体系。

绿色低碳与包装设计

包装产业既包括包装原材料的采购、产品的设计制造，也包括包装印刷、包装机械及设备制造等多个生产领域，包装制品几乎参与到各个行业以及货物流通的每一个环节。包装产业在生产、流通、消费等各个环节均起着举足轻重的作用，在国家生产发展与社会的整体进步中起到了重要的作用。对使用后的包装产品进行妥善处置、合理回收和利用，也是包装产业无法回避的责任。目前国内的包装产业主要依靠粗放式的增长，对资源与环境造成了比较严重的浪费与污染，因此在国家双碳政策的指引下，急需走一条可持续发展的包装产业道路。绿色低碳包装作为一种全新的包装设计理念，可有效减少包装对环境造成的危害，也是未来包装设计与产业的必然趋势。在绿色低碳与包装设计方面的探索由欧洲国家率先开始。相关学者们提出了4R1D理念和生命周期评价理论。

4R1D理念：减量（Reduce），包装在满足保护、方便、销售等功能的条件下，材料使用最少，运输过程中不浪费空间，从生产源头就注意节约资源和减少污染。再利用（Reuse），制造的包装容器能够以初始的形式被反复使用。循环再生（Recycle），包装在完成其使用功能后能重新变成可以利用的资源，如纸盒回收做成纸浆。能源回收（Recovery），指通过垃圾焚烧等方式对前三个R无法进一步回收利用的进行能源的回收利用。可降解（Degradable），包装要易于自然降解，对人体和生物无毒害，如纸制品包装就具有优势。

生命周期评价是指将包装整个过程视为一个整体，研究产品从生产到销售再到处理的全过程，以此评价产品包装的环保性能与碳排放。一个真正的绿色低碳的包装设计和研发是要对其整个生命周期过程中的综合碳排放进行考虑的，只有这样才能实现碳排放量最少，因此，需应用生命周期评估法对从原材料采集、生产加工、流通储存、消费使用、循环利用到最终废弃的整个生命过程进行碳排放量的评价。生命周期评价包括目标和范围界定、清单分析、影响评价和改善评价四个部分。实现包装生命周期的整体低碳化，是绿色低碳包装设计的最终目标。

随着低碳设计理论的不断发展和包装行业出现的高污染现象，许多国家开始积极探索和使用一些环保材料进行绿色包装，并且出台含有环保措施的相关包装法律法规和技术标准。

德国是欧洲第一个对有关包装废弃物立法的国家，从1991年开始规定包装必须采用可回收和可循环使用的材料。同时德国也是全世界第一个使用绿色包装标识的国家，"绿点"标志从包装的生产及回收两个环节入手，极大地避免了资源的浪费及包装类垃圾泛滥的问题。日本作为在亚洲包装设计方面颇有影响力的国家，提出消费者负责将包装废弃物分类，市政府负责收集已分类的包装废弃物，私有企业获政府批准后对包装废弃物再处理的政策规定。美国和加拿大于2012年先后启动了SPC（可持续包装联盟）发起的"How2Recycle"项目计划，力图宣传推广，让更多的人了解包装的可持续发展理念，为包装行业探索有意义的解决方案。2019年，可持续包装联盟对近100个品牌商和零售商的可持续包装进行了分类，并撰写了一份再生材料设计指南，为商家的包装材料回收提供参考。

中国作为世界包装大国，包装行业已经成长为我国国民经济发展的支柱产业，但同时也是造成我国环境污染的主要因素之一。其主要原因为过度包装现象严重和包装回收率较低，近些年市场上出现了许多过于视觉化、形式化的包装，商家常用铅、铬等重金属油墨印刷渲染出视觉效果，造成不必要的污染浪费和产品华而不实的效果。为了适应国际绿色贸易的需要和全人类可持续发展的需要，近些年国家有关部门制定了一系列推进绿色低碳包装的政策法规（表1-1）。

表 1-1　截至 2021 年国家层面有关绿色低碳包装的部分政策

发布时间	发布部门	政策名称	重点内容解读
2015年5月	国务院	《中国制造2025》	该政策提出加快制造业绿色改造升级，全面推进钢铁、有色、化工、建材、轻工、印染等传统制造业绿色改造，大力研发推广绿色工艺技术装备，实现绿色生产；加快推动新一代信息技术与制造技术融合发展，把智能制造作为工业化和信息化深度融合的主攻方向
2016年12月	工业和信息化部、商务部	《关于加快我国包装产业转型发展的指导意见》	将包装定位为服务型制造业；围绕绿色包装、安全包装、智能包装、标准包装，构建产业技术创新体系；确保产业保持中高速增长的同时提升集聚发展能力和品牌培育能力；加大研发投入，提升关键技术的自主突破能力和国际竞争力；提高产业的信息化、自动化和智能化水平
2016年12月	中国包装联合会	《中国包装工业发展规划（2016—2020年）》	该政策提出建设包装强国的战略任务，全面推进绿色包装、安全包装、智能包装一体化发展，有效提升包装制品、包装装备、包装印刷的关键领域的综合竞争力
2017年4月	国家新闻出版广电总局	《印刷业"十三五"时期发展规划》	"十三五"期间，我国印刷业产业规模与国民经济发展基本同步，实现持续扩大，到"十三五"期末，印刷业总产值超过1.4万亿，位居世界前列 数字印刷、包装印刷和新型印刷等领域保持较快发展，印刷对外加工贸易额稳步增长；推动包装印刷向创意设计、个性定制、环保应用转型，支持胶印、网印、柔印等印刷方式与数字技术融合发展。纸包装印刷行业的国家政策为本行业发展提供有力支持

发布时间	发布部门	政策名称	重点内容解读
2019年5月	国家市场监督管理总局	《绿色包装评价方法与准则》	针对绿色包装产品低碳、节能、环保、安全的要求，规定了绿色包装评价准则、评价方法、评价报告内容和格式，并定义了"绿色包装"的内涵：在包装产品全生命周期中，在满足包装功能要求的前提下，对人体健康和生态环境危害小、资源能源消耗少的包装
2021年2月	国务院	《国务院关于加快建立健全绿色低碳循环发展经济体系的指导意见》	鼓励企业开展绿色设计、选择绿色材料、实施绿色采购、打造绿色制造工艺、推行绿色包装、开展绿色运输、做好废弃产品回收处理，实现产品全周期的绿色环保。选择100家左右积极性高、社会影响大、带动作用强的企业开展绿色供应链试点，探索建立绿色供应链制度体系。鼓励行业协会通过制定规范、咨询服务、行业自律等方式提高行业供应链绿色化水平

在可持续发展理念和低碳经济的指引下，包装从原料采购、加工、制造、使用、回收再利用以及废弃等整个产业链中，均要求对人体健康和生态环境无害，并且符合绿色理念。随着生态环境保护及建设相关政策的逐步出台，国民低碳意识的逐步深化，人们逐渐认识到现代包装设计已不再仅仅是吸引消费者眼球、促进商品销售的工具，而是低碳理念的传播载体和实践。设计师应当从绿色低碳设计理念入手，秉持节约、低耗、可持续利用的原则，加强对产品美学标准、功能、人性化等方面的考虑，从根本上培养人们的绿色低碳的生活方式，助力国家节能减排。

第二节　包装创新设计流程与方法

在双碳战略的政策支持下，绿色低碳相关产业将会得到快速发展，产品包装创新发展研究备受关注，现有的产品包装在设计理念、组织管理、设计方法与形式表现上依然存在较为突出的问题。因此，包装创新设计需要抓住国家政策导向、消费观念变化，坚持可持续发展的生态设计理念，突出产品品牌形象塑造，把握标准的转变与设计制度组织管理，加强信息技术背景下的包装创新设计手段与服务，寻求多元化设计方向和文化支撑，提升包装的整体水平和市场竞争力，促进产品包装设计创新与绿色低碳发展，不论是对设计师的思维还是包装设计都是一场换代创新革命。绿色安全理念下的低碳型包装将真正成为包装设计的未来。

包装创新设计流程

包装创新设计流程一般包括设计准备、设计展开和设计制作三个阶段。设计准备阶段即市场调研分析是包装设计的首要环节和重要内容。在这一阶段，要对现有的产品包装进行全方位调研，充分了解市场与消费者的需求，并对其进行分析与研究。设计展开阶段是核心环节，这一阶段包括设计定位、设计创新构思、草图与设计方案、定稿与正稿四个方面内容。设计制作阶段是关键环节，因为在包装生产过程中会面临多次制版印刷与修改，能否做好设计制作也是包装能否顺利进入销售市场的关键一环。以上三个阶段完成后，成品输出与市场反馈也是不可或缺的两个重要节点（图1-1）。

设计准备阶段

调查是设计的第一步。由于包装设计是建立在为企业商品销售服务基础上的，因而所做的设计需要符合市场需求。设计师需要了解商品的相关信息、时代潮流、发展趋势，才能做出符合现代人审美观念的设计。调研主要有以下几个方面：

品牌调研

充分了解品牌现状以及竞争品牌的状况，包括在行业内的地位，研究原有品牌的特点及存在的问题，研究品牌历史、宗旨、理念和需要遵循的品牌识别标准。

需求调研

准确抓住目标群体的喜好，可以设计出更加符合消费者期望的产品包装。通过分析品牌字体、图形、色彩、结构、材料、工艺、包装特质，把握消费者对包装的喜好。

设计创新思维
群体激智法（头脑风暴法、六顶思考帽、KJ法、分合法、CBS法、635法
发散分析法（形态矩阵法、5w2h法、逆向思维法、属性列举法）
联想演绎法（坐标式联想法、焦点联想法、类比法、组合法）

2.调研资料分析、研究

创新交流方法
VR实时展示
实时工艺3D渲染预览
一键分享盒型3D电子图

6.设计定稿　　6

设计展开阶段

7.正稿（客户交流稿）　　7

11.市场反馈

11　　　　　10

10.成品输出

设计制作阶段　　8

9.样品检验与修改　　9

打样创新方法	**工艺创新方法**
可参数化的标准盒型库	印刷工艺【凹凸压模 丝网】
智能印前文件云处理	表面工艺【肌理设计（皮革镶嵌、植绒、磨砂）】
高精度快速打样	传统手工艺再应用【刺绣、竹编、草编 智能变温涂料】

1.调研
- 品牌调研
- 需求调研
- 竞品调研
- 实地调研

2

**设计
准备阶段**

1

3.确定设计定位
- 消费者需求
- 产品特征
- 品牌气质

3

5.设计初稿

5

4

4.设计创新构思

8.制版打样

图形创新
开窗式设计 产品与图案的交互性 消费者与包装的交互性 趣味性 系列
化设计 图形外溢 摄影 文字创新设计 (形象化、意象化、装饰化立体化、投
影化、计算机创意) 有机形态 (动植物细胞、人眼瞳孔、森林海洋)

结构创新
仿生设计 模块化与组合式设计 立体空间性 互动式插接结构设计

材料创新
可降解材料循环再利用 新材料的发明利用

理念创新
情感化理念 文化再解读 "少即是多"理念 智能化理念 多感官设计
理念 二次利用理念 扁平化设计 柔性化设计

图1-1
包装创新设计流程与方法
（作者自绘）

竞品调研

分析竞争对手特点，了解其产品的性能及其产品的价值定位，从而合理地制定超越竞争对手的设计策略。产品的性能主要包括产品的物态、外形、强度、重量、结构、价值、危险性等。产品的价值定位是多层面的，要考虑实用性价值、审美性价值、技术性价值、艺术性价值、经济性价值和社会性价值。

实地调研

通过实地考察，可以了解商品的展示方式和陈列方式，思考包装的结构、开启方式、材料、工艺等。

通过对调研结果进行分析，我们可以有效地指导设计。可以采用归类法、列表法、类比法等，对多方面收集到的包装设计所涉及的市场、消费者等方面的信息进行分析和总结，根据需要写出调研报告，对调研内容进行客观的整理、归纳，并提出结论与设计中所要解决的问题和解决方法，为下一步的设计定位做准备。

设计展开阶段

⇌ 设计定位

"定位"（Positioning）一词最早由美国营销战略家AL.Ries于1968年提出，是指让品牌在消费者心目中占据有利位置，从而使品牌成为某特定种类或特性的代表。包装设计定位可以给包装确定正确的位置，使包装设计具有针对性和目的性，而不是没有章法地进行设计。包装设计定位的基本要素由品牌定位、产品定位和消费者定位这三种定位方法构成。

品牌定位

品牌定位是向消费者明确表现出"是谁"，产品以及企业的形象是经过注册并受法律保护的，产品一旦成为知名品牌，就会给企业带来巨大的无形资产和形象力量，给消费者带来的是质量的保障和消费信心。品牌定位的特点就是在包装设计上突出品牌的视觉形象。

商标牌号定位是商家的标志，如果是新设计的商标牌号，其本身就有一个定位设计的问题。商标牌号的定位设计要联系商品，商标牌号要与商品属性相一致；商标应突出企业形象，与生产厂家相联系；最重要的一点是易认易记，设计定位还要考虑运用独特的图形及具有标志性的色彩，使其有较强的视觉冲击力。包装整合设计的前提，是针对产品本身而言，指对包装所要容纳的产品、销售对象、企业营销以及企业品牌文化理念等作出科学的前期分析，是对消费者的消费需求等要素进行的探究，是对整体市场的了解，更是企业营销战略的一部分。

在包装设计中应用品牌名称、品牌标志、品牌主体图形、辅助图形、品牌标准色彩、字体形象等元素，突出产品或品牌。包装设计中图形元素是关键，图形分为主体图形和辅助图形两种，又具有抽象图形和具象图形两种表现形式。其次，色彩能给人留下强烈的视觉印象，恰当运用色彩能够增强品牌的识别度，是人们在远处就能注意到的视觉元素。最后有很多的标志是在文字的基础上进行设计的，这种方法使标志既具有图形的识别性，又具有文字的可读性，许多品牌的文字字体设计成为突出品牌个性的首要表现因素。

产品定位

以产品为定位的包装设计目的是使消费者通过包装迅速地了解该产品的特点、属性、用途、用法等，为消费者提供清晰的购物参考。产品定位可以从产品的特色、功能、档次等方面入手进行设计。

特色定位例如产地、原材料等特色，产品没有自己的特色就难以吸引消费者，所以要找出本产品与其竞品相比的个性特色作为设计的切入点，突出品牌优势，进而创造出独特的销售理由，吸引消费者的注意。功能定位以产品功能为主体形象，多用于日常生活中使用的产品和需要消费者了解具体用途的产品。

消费者定位

消费者定位可以从消费群体特点、消费者心理因素等角度进行设计考虑。

首先是根据消费群体特点进行定位。消费者定位应充分考虑到消费对象的性别、年龄、职业等因素，按照消费者不同的情况进行分类定位。不同的年龄、不同的职业、不同的生活方式、不同的消费观念等是造成包装差别的重要因素。因此在包装设计中可以从了解消费对象入手，以消费者个性需求进行定位，分析他们所处的年龄阶段和职业特征，来制作符合人群层次的产品。其次是根据消费者心理因素进行定位。不同的消费者对商品具有不同的心理需求，包装设计要适应消费者的心理特点，引起消费者的购买欲。

当单一的定位方式使得商品缺乏竞争力的时候，为吸引更多消费者的关注，企业会采用多种定位相结合的方式，将品牌、产品、消费者三者定位有目的地组合，以实现更为突出的典型性和鲜明性特点。大部分专业书籍中将包装设计中的综合定位分为：品牌+产品定位，一般以品牌形象为表现主体，产品形象为辅助；产品+消费者定位，一般以产品形象为表现主体，消费者需求为辅助；品牌+消费者定位，一般以品牌形象为表现主体，消费者需求为辅助。

设计定位强调设计的针对性、功利性、目的性，为设计确立主要内容与方向，确定设计构思与表现打下坚实的基础。它作为设计构思的前提与依据是具有重要意义的，只有成功地运用包装设计定位中的品牌定位、产品定位及消费者定位等的方法，才能创作出优秀的包装设计作品，提升产品的价值，促进销售。

⊃ 设计创新构思

确定设计定位和设计目的之后，即可进行设计构思。构思的过程是一个思路展开的过程，是把感受进行提炼、凝结的过程，也是把所要设定的条件形象化、可视化、具体化的过程。

构思的核心在于表现重点、表现角度、表现手法、表现形式四个方面，同时要能大胆地利用产品包装设计的创意方法，开拓思路，勇于创新，使包装设计有良好的视觉效果。

表现重点

重点是指表现内容的集中点。重点的选择主要包括商标牌号、商品本身和消费对象三个方面。比如一些具有著名商标或牌号的产品可以用商标牌号为表现重点；一些具有较突出的某种特色的产品或新产品的包装则可以用产品本身作为重点；一些对使用者针对性强的商品包装可以消费者为表现重点。

表现角度

找到主攻目标后还要有具体确定的突破口。如事物都有不同的认识角度，在表现上比较集中于一个角度，这将有益于表现的鲜明性。

表现手法

两种基本表现手法分别为直接表现和间接表现。直接表现是指表现重点是内容物本身，包括表现其外观形态或用途、用法等。最常用的方法是运用摄影图片或开窗来表现。除了客观地直接表现外，还有一些运用辅助性方式的直接表现手法，如衬托、对比、归纳、夸张、特写等。间接表现是比较内在的表现手法，即画面上不出现表现的对象本身，而借助于其它有关事物来表现该对象。这种手法具有更加宽广的表现，在构思上往往用于表现内容物的某种属性或牌号、意念等。间接表现的手法是比喻、联想和象征。

表现形式

表现形式是设计表达的具体语言，是设计的视觉传达。表现形式需要考虑的方面很多，如主体图形与非主体图形如何设计，色彩总的基调如何，牌号与品名字体如何设计，商标、主体文字与主体图形的位置编排如何处理，形、色、字各部分相互构成关系如何，在使用金、银和肌理、质地变化方面如何考虑等。这些都要在形式考虑的全过程中加以具体推敲。

在构思阶段，除了这至关重要的四个方面，还可以从以下四个角度进行创新设计。一是图形创新，如创新设计、有机形态设计，除此之外，还可以增加产品与图案的交互性、消费者与包装的交互性。二是结构创新，如仿生设计、模块化与组合式设计、立体空间性、互动式插接结构设计。三是材料创新，如可降解材料循环再利用、新材料的发明利用。四是理念创新，如情感化理念、"少即是多"理念、智能化理念、多感官设计理念、二次利用理念、扁平化设计理念、柔性化设计理念。

⊃ 草图与设计方案

设计师用简易快速的绘画工具，把构思、想法初步形象化、视觉化，是记录灵感和产生灵感的好方法。在草图创作阶段要充分发挥想象力，进行多种设计手法、表现形式、多种设计方案的尝试，并进行多角度的分析、比较、筛选。效果图创作是指从草图中筛选出较为适合的设计方案，对其进行更加深入仔细的表现，它比草图更加完整，更加直观立体。有些效果图还配有局部说明图、三视图和剖视图。它可以充分表现包装的材质、肌理、结构、瓶型、盒型。

⊃ 定稿与正稿

这一阶段是指将设计方案交给委托方，由委托方听取多方面人员，包括市场营销人员在内的意见和建议，通过讨论确定最终设计方案。这一阶段非常重要，它决定着产品包装设计的最后效果。设计师要听取委托方的多方意见，但设计师也有必要说服委托方，使双方达成共识。在这一阶段中，可以运用实时工艺3D渲染预览、专业盒型设计编辑器、一键分享盒型3D电子图、VR实时展示等创新交流手段。在设计方案确定，根据所提的修改意见加以相应的调整后，即进入正稿制作阶段。这个阶段的工作需要严谨、细致，对包装结构尺寸、颜色标准、细部处理、文字的准确性、图形的完整性等，要认真校对，严格要求，以便印刷制作。

设计制作阶段

➲ 制版印刷与修改

正稿完成后，接下来的工作是制版印刷。需要选择合适的产品包装材质、工艺、盒型等。

在这一阶段中有许多创新工艺，如印刷创新工艺、表面创新工艺，因此设计师除视觉设计外，还需要懂得各种印刷创新工艺制作以及包装结构，处理好细节做出精准的刀版图、结构图。

在正式生产包装之前，制作厂家会把包装打样交给设计师，进行制作效果的讨论，如纸质选择是否合理，表面处理工艺是否到位等。打样效果符合要求后，制作厂家则会正式生产。

➲ 成品输出与信息反馈

产品完成包装后，厂家一般会试投放一部分到市场，得到市场反馈情况。若销售出现问题，则根据情况适时对设计进行修改和完善；若反映良好，会大量生产使用。

因此一个包装设计得成功与否，需要市场与消费者的检验。设计师应该了解各方对新包装的反映，听取市场信息的反馈，以便在今后的设计中有更好的改进。

以上是一般产品包装设计流程。传统包装的开发一般是由原料到废料的直线发展过程，整个过程中会产生大量的生态成本，如材料消耗、能源浪费、废物产生等。而绿色低碳包装的全生命周期增加了生态资源的合理利用，对消费者需求的深度挖掘，对包装问题的系统解决与创新，涵盖了包装从原材料、设计、生产、运输、消费、使用体验和回收等过程的用户需求、环境特性与资源属性。

包装设计的创新形式

图形创新

图形作为包装设计的重要因素之一，是信息传播最主要的视觉形态，具有信息传递简洁明了、直观表达主题的特点，有着多种表现形式。图形不仅仅是一种视觉符号和标志，也不单单是起到装饰的作用，而是在特定的环境中为了抒发某一情感和意义而刻画的一种表达形态。因此，寻求独特、新颖的图形创新形式会给包装带来新奇的趣味和体验，具有亲和力，更能吸引消费者的眼球。

⊃ 图形的直观性表现

图形的直观表现是包装设计中常采用的设计手法之一，它是以写实、绘画性等手法表现对自然物与人造物形象的一种写实摹写，通常能真实，正确地传递物体或事件本身的形象或意图，表达出产品的真实性，使人一目了然，增加消费者对产品的信任感。

运用具象图形表现，要根据内装物的特点，选择合适的表现方式。摄影效果具有逼真性，使人产生亲切和依赖感。绘画的手法，因其易于追随人的意愿，表现出夸张、变形、幽默的艺术效果，更具人情味，也是现代包装设计中常用的方法。

由于数码技术的发展和计算机图像处理功能和技术的提高，各种绘画软件的应用为包装设计中具象及写实图形创作提供了更大的空间，增强了包装设计作品的表现力和感染力。如图1-2所示，美国芝加哥高谭市绿色蔬菜公司Gotham Greens推出的全新视觉形象，在简单直观的包装盒上通过摄影创意图形制作的标签贴，设计塑造产品特性，旨在

图1-2　蔬菜包装
（设计：Gotham Greens公司）

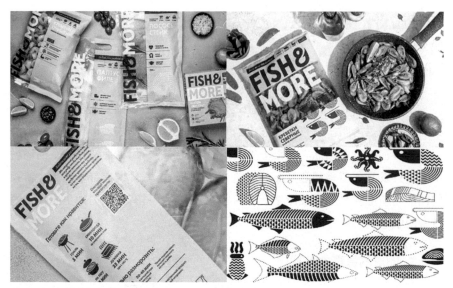

图1-3　海鲜食品包装设计（设计：Ohmybrand团队）

加强可持续室内农业的先驱地位。具有对称性和有机性的插画外观，嵌入对应的叶子插图，视觉上将焦点集中在绿色蔬菜的质量上，便于消费者迅速获取产品信息。

　　在包装设计中，直观的图形表现有时可以通过包装材料的特性表现真实产品的信息，这种设计大多在食品和生鲜产品的包装中应用。消费者通过透明的包装材料能够更直观地看到产品本身的样子，增加真实性和可靠度，更能激起消费者的购买欲望。如图1-3所示，这类生鲜食品，其包装往往不需要过分花俏的设计，将产品最真实的面貌展示出来，才能获得消费者的信赖。来自俄罗斯的Fish&More海鲜进口商，注重产品品质，通过包装可以突出产品的"鲜"。包装由透明和蓝色填充两部分组成，方便消费者能随时查看海鲜的状态。将蓝色作为主色调，符合海鲜这类产品的特性，更能突出产品的新鲜品质。除了开窗式的透明元素，包装还以简单的几何图形组合成与对应海产品相关的图案，使包装形式更为丰富、有趣。另外，包装还设计有一系列的图标（icon），分层级阐述了海鲜的食用形式、用法等信息，有助于消费者准确、高效地选择产品，细节之处也体现了品牌的用心和诚意。

● 图形的抽象性表现

　　抽象图形指用点、线、面变化组成间接感染力的图形，在包装设计的画面上通常是以打破常规观念的形式表现的，虽然它没有直接的含义，但能传

图1-4　Supha Bee Farm Honey（设计：Prompt Design）

递一定的信息。抽象图形能够自由、丰富地变化，组成具有间接视觉感染力的图形，引导观者的联想感受。包装设计中的抽象图形语言给人以现代、简洁的视觉感受。画面通过简化、概括、抽象、平面的语言把原本繁杂的事物凝练和整合，抓住事物主体形象特征，舍去次要的形象和部分，强化主体以表现主题，适合于现在信息时代繁杂事物的信息传达。如图1-4所示，木质外观的蜂蜜盒使用框架嵌套，巧妙地展示出蜂巢的轮廓结构，直观阐明产品性质。蜂蜜的外观包装同样以分子结构的形式将蜂巢造型互相呼应，进一步诠释蜂蜜的"天然"。

运用抽象图形的设计方式不只体现在包装盒上，还体现在包装的造型设计中。如图1-5所示橄榄油包装设计，以黑白两个陶瓷容器的包装进行不同

图1-5　AVGOULAKIA（设计：Andreas Deskas）

制作程度的橄榄油区分容器，设计灵感来自于每个橄榄园产地的名称和历史并代表每种橄榄油的烹饪风格。简洁的圆柱形图案搭配空中俯瞰概念的艺术装饰，打造出独特的未来主义的水滴形状。圆锥双耳壶的形状以现代风格为灵感来源，代表了历史和烹饪的容器上的LOGO设计展现了手工制作的理念，也进一步体现浓厚的迈锡尼文明艺术特色，有效地传达了丰富而和谐的烹饪技巧。

⊃ 图形的趣味性表现

趣味图形包装是通过设计师的巧妙构思，用新颖奇特的造型、炫耀夺目的色彩、生动形象的图案、特殊材质的肌理以及巧妙独特的结构，让产品包装在琳琅满目的商品货架上凸显出来，迅速打动消费者，让其怦然心动，产生新奇的印象，从而形成愉悦的消费心理。图1-6是由俄罗斯设计师Constantin Bolimond设计的坚果食品包装，巧妙运用松鼠鼓鼓的腮帮作为储藏食品的容器，形成别致可爱的造型，营造松鼠吃东西的动态，让消费者产生味觉联想。

趣味性图形运用在儿童食品包装设计上是科学的创新方法，趣味性设计可以给儿童带来感官上的愉悦，激发他们的好奇心、想象力，并且让他们参与到整个过程中。图1-7所示的POOLEE冰激凌包装的趣味性通过图形与文字的结合来表现。包装展示了一个可爱的顽童IP形象"李咆咆"，以此表达

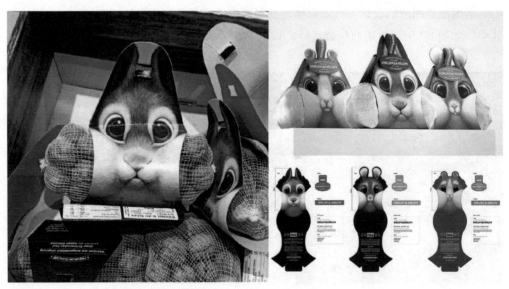

图1-6　rum-Hrum食品包装设计（设计：Constantin Bolimond）

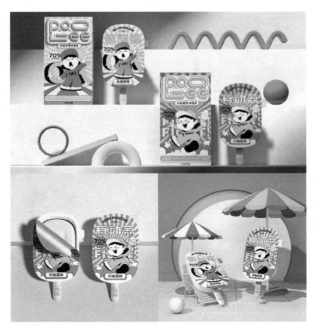

图1-7　POOLEE冰激凌包装（设计：BUFF品牌）

"内心永远是小孩"的理念。不同场景中"李咆咆"使用多样的趣味表情和肢体语言，有效激发儿童想象力、联想力。此外，品牌运用谐音梗来表现产品的口味，如"躺苹先""柠说啥""有动荔"等，其新颖性、幽默性契合了时代潮流的趋势，给消费者带来新的视觉体验和精神享受。

⊃ 图形的系列化表现

　　图形的系列化表现是当前包装设计中的一种新兴形式，这种形式以商标为主体，对企业的同类产品进行色彩、图案、文字、形象等方面的共同性设计，并在整个过程中坚持整体协调、细节规律变化的原则，以有机变化的形式与其他商品包装形成对比，强化自身的品牌竞争力。这类包装具有多而不乱、同中有异的特点，适应现代商品经济的发展和消费者的审美趋向。如图1-8所示是我国79号船舱的海鲜小罐头，采用平面构成中的近似构成法则表现不同口味的海鲜食品，结合极具食欲感的写实风格图案，激发消费者对产品的味觉和嗅觉联想。盒盖标贴采用一致的视觉设计语言，当产品整齐排列在商品货架上，更容易加深消费者对产品的印象，有利于品牌形象的输出，从而开拓海鲜食品的市场。

　　近年来，百草味经过一系列产品品牌升级后，系列化的包装设计很具有

图1-8　海鲜小罐头设计（设计：尚智包装设计）

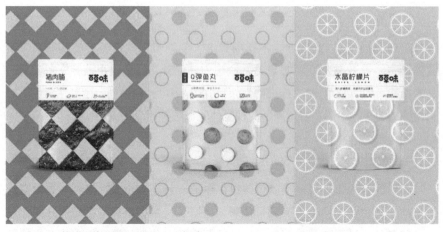

图1-9　百草味零食包装（设计：百草味）

代表性，应用产品的固有色作为底色，食物造型作为主视觉形象，在图形创意的形式中运用几何化的点的构成排列在包装上（图1-9）。整体看上去不仅舒服，还一目了然，产品包装不只好看还好玩，可以把每个包装组合成包包背起来，更能达到品牌宣传的目的。

⊃ **图形的文字化表现**

图形文字化是视觉符号的一种，也是包装设计创新方法的一种，它不同

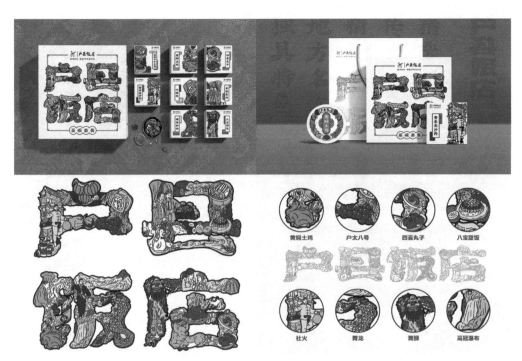

图1-10 户县饭店蒸碗包装设计（设计：蜜蜂创艺团队）

于文字和简单图形，较之文字表达更为形象。在图像时代，以图形文字化的设计方法来探究文字表达的特性，有利于在包装上表现出品牌的个性。在包装设计中巧妙地运用文字进行创意表现，无疑是一种让消费者快速了解品牌形象的方式。

当前，许多品牌将图形设计成文字置于包装之上，使得新的视觉形象更具有冲击力，因此更能吸引大众的视线，从而更好地传递产品的信息。如图1-10所示是陕西省特色美食户县饭店的品牌包装，包装整合了陕西省独特的美食与文化，对"户县饭店"的文字进行了图形创意表达。设计师提取了陕西美食和文化的设计符号，经过有序的填充，使得"户县饭店"字体形象、饱满生动，转化为让消费者可以快速了解的图形。透过图形文字，消费者通过自身的感觉经验，诱发对某一事物的记忆和联系，从而更好地理解品牌内容及文化内涵。此外，构成文字的每一个设计符号经过拆分后可作为系列小包装的主体元素，使人的视觉思维形式化、简单化、系统化，进而加深品牌印象。

⊃ 图形的叙述化表现

图形的叙述化表现是近年来包装设计中常采用的设计方法之一，它是指

图1-11 "大过中国节"端午礼盒包装（设计：东方好礼团队）

　　图形以叙事的身份介入到产品包装设计领域，凭借叙述的视觉语言向消费者介绍自己，以增强自身的感染力，建立良好的品牌认同感。

　　与传统的文字叙述相比，图形叙述具有直观性的特征，擅长把复杂的信息用简单的形式直白地传递给观众，独立性较强且通俗易懂，有利于信息的快速传播。产品包装上的图形正是通过叙事性的策略为导向，将所要传达的产品信息故事化，营造语境串连"故事切片"，然后用具象或抽象的叙述方式通过视觉语言传达出来，使消费者感知最真实生动的产品信息，从而促发购买行为。

　　由于人们对于精神文化的需求日益增长，产品的包装设计应该集中体现品牌文化，发掘品牌故事以及品牌背后所蕴含的人文情怀和价值理念。如图1-11所示，上海东方好礼团队原创的文创礼品包装，在复古插画的包装铁盒上讲述了中国传统端午节日的故事，采用摄影的方式记录端午的印象，包装以"粽观往事"为语境，将"儿时端午""再现往事"串连成线。包装内页提取龙舟、辟邪、艾香的习俗文化，结合现代元素，用民国报纸的视觉形式表现，使受述者一步一步从往事中走来，从而增强端午文化的理解。图形叙述正是通过这样的方式赋予产品包装更多的文化深度，让消费者在接触包装时潜移默化地感受商品背后所传达的文化价值，以此满足消费者的情感需求。

⊃ 图形与消费者的交互

传统的包装设计只需满足产品保护、容纳、运输等基本层面的需求，而交互理念包装设计的出发点是满足传统包装的基本层面时充分观察用户的行为方式，研究用户与包装交互的行为关系，注重用户的情感体验。而图形作为包装的重要元素之一，增强图形与消费者之间的互动就需要在包装图形上进行创新设计。

别出心裁的互动导向更能加深消费者的记忆锚点，增强对个性化品牌的认同。艺术家 Vera Zvereva 设计的牛奶盒（图1-12），以猫的身体的不同部位进行图形创意设计，使其分布在纸盒的四周，四盒牛奶并列可以拼成一只完整的猫。消费者在货架间选购时可以愉快地玩猫咪拼图，自然而然地与 Milgrad 牛奶建立起了友好的联系。俄罗斯设计师 Neretin Stas 设计的 Naked 包装（图1-13），其包装质感类似于人的身体肌肤，当你触碰它时，它就会像

图1-12　牛奶盒包装设计（设计：Vera Zvereva）

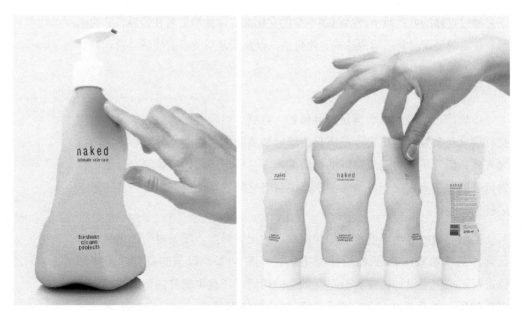

图1-13　Naked包装设计（设计：Neretin Stas）

活物一样给你回馈，被碰区域会温柔地泛起红晕，给人愉悦的互动体验。除了以上案例，百草味的系列夹心海苔脆（图1-14），包装图形运用插画的形式，小孩子食用后，包装盒上的图案可以用来进行随意的涂鸦配色练习，能很好地增强孩子们的想象力。系列坚果包装袋在官网上还有制作包包的教程，百草味的零食不只好吃，还好玩，增强了消费者与图形的互动性，促进了消费。

⊃ 图形与产品的交互

包装图形的表现手法有很多，比起纯粹的图形设计，将产品作为图形的一部分更能吸引消费者的眼球。坚果和干果类食品作为消费者熟知的产品，占据了很大的市场份额，货架上不缺乏有精美图案的包装，在众多同类商品的竞争下，创意性包装更能得到消费者青睐。Ohmybrand团队为Caravan食品设计了一款包装（图1-15），其设计创新点是基于骆驼的形象，将坚果和干果作为"行李"被托运，当包装内的食品食用完毕，装入别的零食，骆驼又开始搬运"新行李"。这样包装就完成了图形与产品之间的互动，同时骆驼的图形容易让消费者陷入联想，也有助于儿童益智。

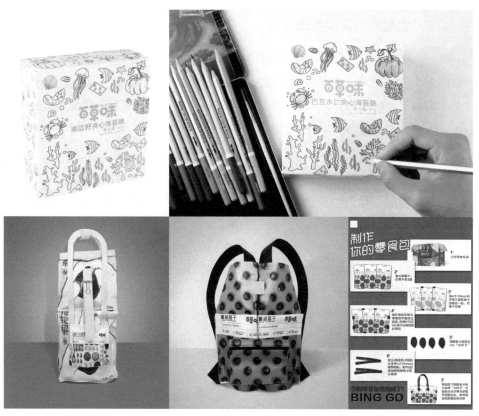

图1-14　百草味零食包装（设计：百草味）

图1-15　Caravan坚果和干果包装设计（设计：Ohmybrand团队）

⊃ 图形与造型的交互

图形不仅可以与消费者、产品之间建立联系，同时还可以和包装的造型产生交流互动。包装的基本构成元素有很多，除了图形以外，造型也是包装的重要组成部分。因此在包装的创新设计中，考虑图形与造型之间的互动性，能够降低当下市场包装形式同质化、功能单一化等多种问题，不失为一种新颖且可借鉴的设计手法。

如图1-16所示是设计师潘虎给帝泊洱普洱茶珍做的一款包装，以"茶叶"的图形作为主元素，但设计师没有以二维矢量的方式表现"叶子"，而是将叶片运用到每个独立小包装的侧面，使"叶子"图形构成每个独立小包装的造型面。更有趣的是，当这些独立的小包装整齐放置在一个大盒子里，设计师采用了逆向思维，把侧面的叶状图形转而为正面展示。当消费者进行开盒和拿取行为时，如同用手拾起泛着金光的叶片，极大增强了情绪体验。可见，一片叶子的图形经过巧妙精心设计，既可以完成与包装造型的交互，也可增进与消费者的互动体验。

⊃ 分割拼接

图形的分割与拼接受到20世纪80年代解构主义的影响，至今都是视觉传达中一种常用的表达形式。它主要是指把完整的图形进行分解处理，形成互相分离的图案或形状，然后再重新排列组合，形成一种或多种新的图形。在包装设计中运用图形的分割拼接，可以加强包装的功能性与装饰性。尤其是在系列产品的包装中，可以打破人的视觉思维的简单化，缓解重复审美疲

图1-16　帝泊洱普洱茶珍包装设计（设计：潘虎设计团队）

图1-17 "山人茶庄"茶包装设计（设计：张卫民）

劳。如图1-17所示是设计师张卫民所做的"山人茶庄"系列包装，设计师着眼于山脉连绵、茶园梯田的自然生态景象，把这幅茶园梯田图分割成多份印制在包装上，只要这些包装袋放到一起，这幅茶园梯田图便能完整再现。这样一来，消费者在进行购买决策时，很难割舍其中某一部分，引发全系列购买行为。

⊃ 肌理材质

现阶段具有肌理视觉特征的当代包装设计形式不断发展，被越来越多的人接受。肌理是物体或物体材料表面的色彩组织纹理结构，各种纵横交错、高低起伏、粗糙平滑、色彩斑斓的纹理变化，以及物质表面自然形成的条理、韵律、节奏所产生的形式美感。肌理作为视觉艺术的一种基本语言形式，与平面、色彩、立体构成要素一样具有造型审美功能。当肌理材质赋予产品包装时，同时也增加了包装内涵的语境传递，提高产品活力，带给人们更多的精神享受。如图1-18这款水果包装设计是专门为柑橘打造的，设计师联想到一般人吃柑橘会切成四块，以四瓣柑橘图形的交叠组成包装的开合，并呈现较为真实的柑橘表面肌理，整个包装看起来简单而高雅。

⊃ 视觉差错

视错觉是由于视觉器官受到外界的色彩、光线以及图形等因素干扰之后所形成的视觉与实际事物不相符的误差，从而能够在人们的心理上造成一

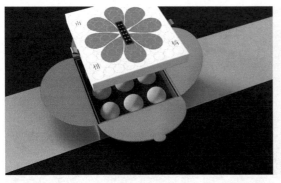

图1-18 "大橘大礼"南平柑橘包装（设计：半梦半醒）

图1-19 SPIRITFUL啤酒包装设计（设计：Overtone Brewing品牌）

种不能够进行调试的空间幻觉感以及错觉感，增强观众的视觉体验。除此之外，在包装创新设计中应用视错觉，还能够增加包装的新意和内涵，更好地进行视觉传达的设计。如图1-19这款啤酒包装，"O"标识图形贯穿整体，采用重复排列和丰富色彩充盈整个包装的画面，给人眼造成视觉冲击力。啤酒的包装设计看上去像是一张海报，用线条和色彩来创造视觉差错，远看是模糊梦幻的感觉，近看又是清楚的圆点，符合啤酒的产品特性。

○ 图形外溢

在某些特殊的产品包装设计中，可以巧妙地将图案、结构融合起来考虑，往往可以达到新奇的效果，使之在同类产品中更胜一筹。如图1-20所示是农夫望天品牌的辣椒酱包装，其构思新奇，以三款不同颜色的辣椒作为包装主图，代表三款不同辣度的酱，利用产品结构属性，将辣椒蒂外溢成为瓶盖，巧妙地将图形和结构融合在一起，直观生动地将辣椒形态展现出来，让人眼前一亮。

结构创新

包装结构是包装设计中十分重要的部分，它是包装造型的基础，一个合理的包装需要有一个科学的包装结构。包装结构的设计主要是指与包装相关的各部分之间的关系。这些关系不仅是指包装本体各组成部分之间的关系，还包括包装本体与内装物之间的作用关系，内包装与外包装的配合关系，以及包装组合与外部环境之间的关系。

包装结构设计是科学性和艺术性相结合的产物。巧妙地利用形体的分割与组合、材料的选择与开发及构造的创新与利用等特有的设计语言，再结合先进的设计理念，创造千变万化的结构形态，向外界传达设计者的思想与理念，这种形态才更有可能达到感人的效果。

图1-20 农夫望天辣椒酱包装（设计：深圳BOB设计公司）

◯ 仿生拟态结构

包装仿生设计是以生物体为设计原型，在坚持包装设计的基本设计特点的基础上，结合各种艺术手法，突出生物体本身最典型的特征和原理，生成有视觉冲击力的、具有高度可读性的、容易激发经验联想和主观体验的包装效果。包装中的仿生设计可以依据工业设计中仿生设计的分类，大致可分为材料仿生、结构和功能仿生、形态仿生3大类，使包装更具生活化、情趣化、艺术化，有很强的感染力。如图1-21所示，由亚美尼亚Backbone品牌工作室设计的pchak干果包装，对材料和形态进行仿生设计，灵感来源于树干的树皮、树洞，将"松鼠之家"作为设计的核心概念出发点，把粗糙的树皮设计得很有艺术气息，树洞作为盛装产品的容器，体现出大自然最直接的馈赠，凸显产品的品质。

包装拟态设计也可称为借物拟态或拟态喻物，此类设计是借用包装结构的造型、形态，来比拟动物、植物或者环境中的客观存在。拟态设计不仅是将包装与物品二者的造型有机结合，展示出被拟物的识别功能，还需在包装的造型上进行设计优化，在形式上提炼升华，让包装更和谐悦目，这样可以让消费者瞬间提升好感度。例如图1-22由Soon Mo Kang设计的Hanger Tea茶叶包衣，设计师借用挂衣架造型，将茶包拟作衣服，挂在"衣架"上，当冲

图1-21　pchak干果包装设计（设计：亚美尼亚Backbone品牌工作室）

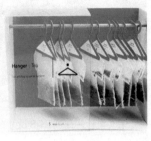

图1-22　Hanger Tea茶叶包装设计（设计：Soon Mo Kang）

泡时衣架也可挂在杯口，防止掉进杯中久泡失去口感，拟作衣柜的外包装让用户在拿取茶包时趣味互动，简洁现代的包装风格表现出品牌调性，同时增加用户在体验产品时的沉浸感。

● 模块组合结构

模块化设计是以模块作为设计对象，按模块化的思想，对产品的构成有一定新的认识，丰富了多样化生产方式。通常情况下，模块化形式具有统一的尺寸标准，便于生产和安装使用，有利于提高生产效率，降低研制成本，丰富使用形式。在包装设计中，应用模块化设计思维，用多个系列模块可以组合成不同造型的容器，进而满足不同的产品功能。如图 1-23 这一系列与众不同的造型是通过同一个六角造型的模块单元重复组合创造出来的。通过重新排列成不同的配置和图案，可以创造出各种各样的造型。这种拥有巨大的弹性、海绵状的模块形式可以用来容纳各种物体，从水果和蔬菜、到钢笔和铅笔。当包装被闲置时，也可以进行拆解存放，方便存储和运输，提高空间的利用率。

图 1-23　收纳包装（设计：Kenji Abe）

● 立体空间结构

这类包装设计上的剪纸拼贴而成的画面场景，通常采用景深的方式，在实现视觉上的层变增强画面立体感的同时，人物、场景等设计也能更加饱满。这款礼盒（图 1-24）融入传统戏台的概念，通过外盒的镂空窗格设计，分别展现了四个与中秋相关的神话故事。此外，画面分为月下之约、重游天宫以及圆在心中等不同主题提取嫦娥、圆月等与中秋佳节相关的元素，快速建立用户对产品的熟悉度，同时也强化了神话氛围。橙色为主色调的礼盒，鲜明、大方两面镂空的设计，则分别以图文的形式给用户双重的视觉感受。

图1-24　戏说佰味礼盒（设计：奇思妙物）

⊃ 功能叠加结构

　　此类包装顾名思义是在原有包装功能上叠加新的功能，让包装即成为产品本身，通过再设计和再利用，让包装废弃物变为新资源，赋予新功能，一方面可以减少资源消耗，另一方面是合理利用资源的有效之举，如此最大程度利用包装也是绿色包装创新的良策之一，从而达到美、环境及人文的和谐。如图1-25的茶叶包装，将茶叶与茶道用品相叠加，一段竹节是茶罐，一

图1-25　Bamboo Teaset茶叶套组包装（设计：RONG Design）

段是茶杯，一抹竹叶可用作茶匙，当多个组合叠加起来时，是一根挺拔劲节的新竹，设计师借竹子的造型彰显产品清华其外、淡泊其中、清雅脱俗的气质。

图1-26展示的Reinvent办公用品套盒，利用外包装盒自身结构，可变形为新的笔筒、杯垫、文件盒等常用桌面收纳产品，延长了包装盒的使用生命周期，帮助用户整理桌面的同时，低调商务的设计风格也有助于提高工作效率。

⊃ 一体成型结构

一体成型是一种环保包装结构，一个包装仅需一张材料，在通过折叠、穿插等方法后，不需要其余辅料支撑保护，甚至不需要胶水，不但节约了材料、人工的成本，也更加环保。加特勒爆米花包装（图1-27），经过顶部纸张的旋转折叠为多边锥形，爆米花可以在桌子和架子上站立，类似花朵的开口很适合爆米花这类快餐零食包装，未食用完的部分也可以随时保存起来。

图1-26　Reinvent Package办公用品套盒包装（设计：Sincerely，Crevisse）

图1-27　加特勒爆米花包装（设计：Jennifer Mulvihil）

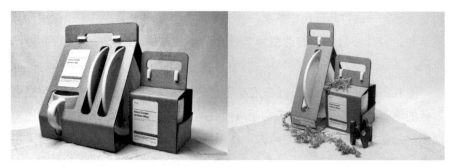

图1-28 Aesop Ivory Cream Artisan（设计：Kenneth Kuh）

Aesop陶瓷餐具选用瓦楞纸为材料（图1-28），利用精巧的设计，最大化利用纸张面积，保护餐具的同时也便于顾客手提，还节约了商家生产制造中的成本，也可节约用户从开启到回收的时间成本。

⊃ 可变形结构

这类包装在设计时会与可变形的客观存在相结合，在消费者开启或使用的过程中，通过变换的结构形态，将娱乐性与功能性合为一体。下面两组案例灵感来源都是儿时的玩具，利用这类玩具可变形的特征，与产品完美地结合起来。六边形的积木结构（图1-29）可竖立展开，也可折叠圆满，内部结构的三角设计方便拿取饼干。"从粽作梗"是由无差别工作室创意出品的粽子包装（图1-30），以折纸游戏"东西南北"为创作灵感，一包一捆一刀一剪致敬传统文化的仪式感，表达"礼"最形而上却最难传递的诚意。包装通过具有娱乐性的变形结构，为消费者带去别样的趣味体验。

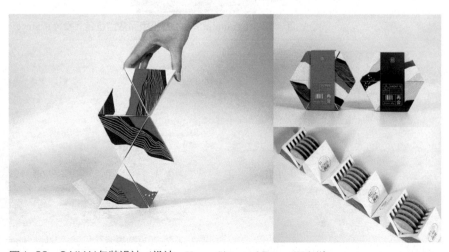

图1-29 SAIKAI包装设计（设计：Hanna Simu and Emma Waleij）

图1-30 从粽作梗（设计：无差别工作室）

⊃ 交互结构

包装结构中的交互即包装与用户在使用过程中的交流互动，交互行为可以拉近产品与用户之间的距离，通过产品的交互行为，可以引导用户的行为，更好地提升用户体验。图1-31是一款手工拉面的包装设计，设计师Soh Kah Khee从拉面师傅的制作工艺上获得设计灵感，将拉面包装设计成手风琴的形式，上下拉伸就如同亲手制作面条一般。简单亲和的配色和趣味的结构，不但增加了与消费者之间的互动，还体现了产品原材料新鲜、天然的特点。

图1-31 Pull it hand pulled noodles（设计：Soh Kah Khee）

图1-32是一款水产品包装，设计师采用光栅原理作为整个设计的亮点，当消费者抽取小船形态的单盒包装时，会和外包装产生交互，绘制在包装上的鱼和远山便会动起来，好似顾客在太湖一叶扁舟上捕到新鲜的鱼，不仅拉近了消费者与产品之间的距离，也传递出新鲜有活力的产品形象。

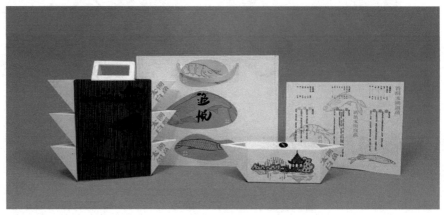

图1-32　渔悦（设计：棣）

材料创新

近年来环保设计成为产品和包装领域的重要趋势之一，同时大众的环保意识也在逐渐增强，各大品牌商家也在积极响应，更加重视产品的环保可持续性。在"可持续发展"这一趋势占据主导地位的市场中，可持续性逐渐成为越来越多的包装企业和消费者关注的重点，它们开始使用可回收或生物降解的包装材料，积极探索新材料。

⊃ 可降解材料循环再利用

材料在自然环境作用下，经过自然吸收、消化、分解，从而不产生固体废弃物的一类材料称为可降解材料。可降解材料形式多种，主要有光降解，生物降解和光、生物双降解三大类。可降解包装材料将会成为绿色包装材料未来的曙光。可降解塑料和天然高分子材料具有环境友好、无毒无害、可循环再生的特点，满足了可持续性发展的要求。

Hinoki的可降解旅行装是由瑞典创新机构NINE设计的可持续包装概念（图1-33）。Hinoki的旅行装是由可生物降解的纸制成的，结构设计受折纸形语言启发，每个包装使用一张层压纸折叠并压制成形，带有一个可撕开的

图1-33　可降解旅行装（设计：NINE）

角，撕开后可露出木质旋盖。可生物降解的旅行装特别符合具有环保意识的旅行者的偏好。尤其是采用了纸质包装的自然颜色和其本身的简约设计，也符合了"可降解"的特性。

○ 新材料的发明利用

为应对日益严重的环境污染与资源短缺问题，开发新材料已成为很多企业的技术追求。近年来，全球多家企业以及社会团体积极研发各种环保新材料，并就如何循环利用可再生塑料进行了探索，取得了不少的成果，兼具轻便稳定和环境友好的包装材料日益增多。

英国剑桥大学的研究人员利用大豆分离蛋白，模仿蜘蛛丝的力学性能，成功发明了一种可生物降解的聚合物薄膜（以下简称"大豆蛋白膜"）。这种新材料可媲美现在使用的许多普通塑料，可以取代大部分日常消费品中的塑料，且可以在家庭堆肥等自然环境中安全降解，有助于解决塑料污染问题。这种大豆蛋白膜由剑桥大学附属公司xappa开发生产，率先推出由大豆蛋白膜制作的胶囊和袋子，应用于制造无塑料洗碗机、平板包装纸和洗衣胶囊。以往任何塑料的替代品都需要多糖类或多肽聚合物以某种形式交联才能形成坚固的材料，而蛋白质可以自我组装，不需要任何化学修饰就能形成像丝绸一样的坚固材料，更不需要像其它类型的生物塑料那样，需要工业堆肥设施

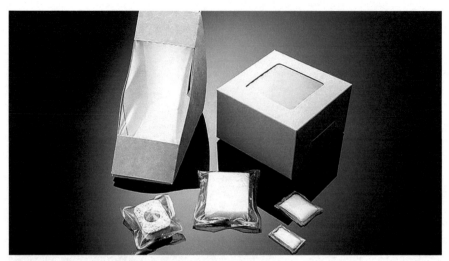

图1-34 可生物降解的聚合物薄膜（设计：xappa）

来降解，不但具有广泛的用途，生产成本也相对低得多，是一种理想的成本效益高、环境友好型薄膜（图1-34）。

理念创新

随着生产力和社会经济的进一步发展，人们对于包装的追求不再局限于外表的美感，更注重对包装理念的表达。创新性的理念能够更好地塑造企业形象、建立独特的品牌文化，将理念融入包装设计中，充分发挥包装这个有效载体，传递品牌核心理念，扩大品牌影响力，从同类竞品中脱颖而出，进一步带动企业经济发展。

⊃ 情感化理念

产品的包装要充分考虑消费者的情感需求，将情感诉求作为设计切入点，给人们带来更具辨识度、个性化、人性化的包装，建立与消费者之间的情感连接，更有利于正确理解产品，与之进行畅通的沟通与交流，形成情感共鸣，激发消费者了解产品的热情，促使消费者的消费行为，达到扩大商品消费市场的目的。由Backbone独立品牌工作室设计的RICEMAN大米包装（图1-35），基于农民和大米的造型，通过描绘各种面部情感，将我们带入辛勤耕种的情境中，建立时空的情感对话，向每粒大米背后辛勤劳作的米农们致敬。

图1-35　RICEMAN大米包装（设计：Backbone独立品牌工作室团队）

⊃ 文化再解读

　　包装作为日常生活中常见的物品，是文化传播与传承的重要媒介，承载着一个国家的文化特征，如社会意识形态、民俗风尚、审美倾向、精神内涵等。包装作为一种重要的文化现象，其体现的文化性不能仅停留在特定文化的符号的展现，设计师还要对文化进行再解读，从中提炼核心文化内涵和传达优秀文化理念，对自然社会和人类文化产生自己独特的见解，也让消费者在使用中有不一样的体验和文化解读，从而进一步加深大众对文化的认识，提高包装这种文化载体的信息传播能力，有利于文化的传承和进一步的发展。一直以来，茶叶包装中，茶叶本身的文化气质较为强烈，是文化传播的优秀载体。茶马古镇品牌下的冰岛茶（图1-36），是一款具有浓厚文化气息和精神内涵的优秀包装，其将地域特色和悠久的茶马古镇茶文化相结合，致力于打造一款"滇马好茶"。冰岛茶叶产地临沧，是茶马古道上滇藏线的交通要塞和交易场所。因此在外盒中间设计成能断开的自然裂纹，而裂纹的高低起伏，呼应茶马古道这一条艰难险峻的千年"茶路"。在内层茶饼的封面上，"冰岛"二字以画成文，马帮、普洱、古茶树、山寨、茶具、喝茶老者以及崎岖山路均在其中，构成茶马古镇文化的视觉符号，加上以古城为设计

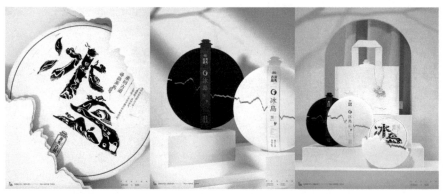

图1-36 冰岛茶包装（设计：青柚设计）

元素的腰封，一条千年古道被赋予了更深的情感和内涵。黑白两款极简的包装，搭配适当的留白，是对至简的禅境哲学的深刻理解和反映，也是对东方茶文化的含蓄表达。另外，外盒用材取自绿色环保的可降解纸浆材质，很好地倡导了可持续发展的绿色设计理念，包装也更具艺术品质感。

⊃ "少即是多" 理念

消费者在眼花缭乱的产品中选择时，一般只会给每款商品2秒的注意力。在这么短的时间内，包装如何提供产品的独特优势和告知购物者为什么要购买至关重要。为了解决这一难题，包装设计师通常需要谋求每个细节对可用空间贡献的最大化。为了让购物者可以在2秒内完全吸收所有重要的视觉图像和文本内容，这类包装通常具有简单性、直观性的特点。"少即是多"的设计理念解决了购物者对产品缺乏时间和注意力来了解的问题，增加了产品被选择的机会。

麦当劳为了系列产品标新立异，与独立设计机构Pearlfisher合作，重新对旧包装改换新面貌，设计风格褪去了之前的繁杂，用"少即是多"理念打造出"极简+可爱+时尚"的设计风格（图1-37）。新包装在节省时间以及对准目标直接出击方面起到帮助作用，让快节奏下的年轻人能轻松、愉快、便捷地购买目标产品。同时，麦当劳新包装还以明亮轻快、简洁易懂的设计风格呈现产品特征，让消费者可以通过颜色+图案来识别产品属性，更快缩短购买时间，满足年轻人无耐心以及享受便捷服务的购买体验。

图1-37　麦当劳新包装（设计：Pearlfisher）

⊃ 智能化理念

在物联网时代，智能包装是包装行业发展的主要方向。智能化包装是一种新兴的交叉学科，它结合了智能材料、信息控制技术、微电子技术等，弥补了传统包装的短板。智能化包装的应用，可以使食品包装通过技术的改良、创新的升级，保证流通过程中产品的质量。另外，智能化包装还可以通过电子芯片，运用网络存储信息技术手段，拓展产品包装信息的承载量，使得包装的信息不再局限于包装表面。如传统包装在对产品进行功能展示或者使用解释时表达相对单一和局限，通常是使用说明书。智能化包装技术可以在产品功用阐述以及产品使用方法上进行演示，利用动画、视频、音频等数字化技术增强内容的吸引力，使得所要阐述的内容更加视觉化、形象化，易于理解。

随着科学技术的发展，防伪手段也日益繁多，为了使优先占领市场的产品不被其他厂商所冒牌代替，很多企业试图创造他们独有的防伪效果。因此结合了物理学、电磁学、光学、材料学、化学及计算机技术等的防伪工艺，形成一门新学科。可变数据条形码是一种新颖的防伪技术，它的使用过程是在商标印刷过程中赋予每一张商标一个唯一的数据条形码，并把条形码数据通过互联网传递到指定的专用数据库，商标使用企业在使用上述数据条形码时通过专用扫描设备将已经使用的商标数据进行扫读并上传到上述指定数据库进行对应数据捆绑。

➲ 多感官设计理念

"多感官"一词较早是指突破以视觉要素整合为中心的观点，多方面、多层次地开发视觉外的诸多敏感、本能的感官效用的观点和理念。早在2006年，德国召开的第六届ProCarton（欧洲纸板和纸盒制造商协会）代表大会上就提出并集中讨论了"多感官包装"。多感官包装设计，顾名思义就是可以引发消费者多种感官体验的包装设计。设计时需要从人的多种感受入手，选择不同的感官语言对商品信息进行编码、重组，通过刺激受众的不同感官，使其产生多种感官体验，让目标受众更好地感知商品的相关信息，促使消费者产生消费行为，增加产品的销售额。

多感官包装设计的表现手法有基于视觉的多感官包装设计和基于非视觉的多感官包装设计。视觉是包装传达信息的重要途径，包装的视觉要素主要包括色彩、文字和图形。而基于非视觉的多感官包装设计则并不多见，主要有触觉包装设计、嗅觉包装设计、听觉包装设计、味觉包装设计。综合运用多种感官设计，可以使消费者获得更加多样化的感官体验，从而更好地传达产品信息与特质。与传统的基于单一视觉表达的包装设计相比，多感官包装设计更注重不同感官的体验和多种感官的共同作用，有其明显的特点和优势，它更加人性化，增强了趣味性、交互性，提高了产品的辨识度。

酒水品牌Smirnoff邀请JWT智威汤逊为他们的果汁酒Smirnoff Caipiroskadesign设计包装，使用水果本身的纹理为酒瓶包裹一层薄膜，共有三种口味：柠檬、西番莲和草莓，打开包装时感觉好像在剥开一枚水果（图1-38）。

图1-38 果汁酒包装（设计：JWT智威汤逊）

⊃ 二次利用理念

日常生活中，大多数的产品包装都被扔掉了，如果包装设计时考虑包装的二次利用，不仅有益于环境保护，也能加强品牌的宣传度。Thung Kula Ronghai是泰国著名的大米产区，这个产区每年大米都在受控制的环境下限量生产。这种有机生产的大米在保证最佳品质的同时不含化学成分，从而保护了环境。设计师巧妙地利用大米脱壳过程中产生的自然废弃物——稻壳来设计包装（图1-39）。包装采用模压成型，在盒盖上压出大米的形状，盒盖的四周是细节的图形勾线和标志的烫印。在其用于存储大米的目的之后，这种大米包装还可以作为纸巾盒来二次利用，完全环保且可回收。

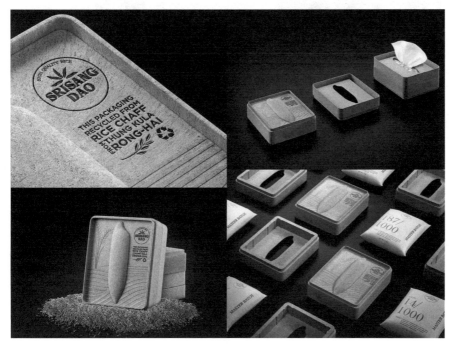

图1-39　泰国大米包装（设计：Prompt Design）

⊃ 绿色低碳理念

绿色低碳理念下的设计即在产品整个生命周期内，着重考虑产品的环境属性（可拆卸性、可回收性、可维护性、可重复利用性等）并将其作为设计目标，在满足环境目标要求的同时，保证产品应有的功能、美感、质量等要求。这是一种观念的树立，要求设计师将设计的重心真正放到功能的创新、材料与工艺的创新、产品的环境亲和性的创新上。

　　Germinador是一款拼图式的组装花盆，采用可降解无公害材料制作，专门为还未准备好种入泥土的小花苗而设计，让它们有生长缓冲空间。如果需要，在花盆未腐烂前把植物刨出来，只要把花盆拆掉即可，不会伤及它的根须（图1-40）。

图1-40　拼图式的组装花盆（设计：Andro Yurac，Trinidad Gana）

第二章 绿色低碳与包装创新设计思考

第一节　设计环节思考

在如今时代发展中，低碳环保、节能减排是各个国家和行业遵循的发展理念，碳达峰、碳交易、碳中和等频频成为环保界的热门话题，全世界都把目光聚集在解决气候问题上。而作为用设计解决问题的设计师，由于绿色低碳意识或认识差距，所设计的包装并不能满足真正的"低碳"要求。

低碳意识下设计师的思考

包装设计师需要对高碳排放具备危机感和紧迫感。塑料是常见的包装材料之一，近年来无论是从海洋到陆地、从赤道到两极，都有微塑料被检出。2019年7月，科学家在北极钻取的冰芯中发现塑料微粒，这说明废弃塑料已经污染到地球上最偏远的水域。如果设计师不具备环境保护的意识，没有环境恶化的危机感，设计的产品和包装造成污染，即使设计的产品解决了现实

图2-1 清洁工人在海滩收集塑料颗粒

图2-2 沙滩塑料污染

问题，长远来看却带来了更多的后患（图2-1、图2-2）。

设计师需要对绿色低碳设计具备使命感和责任感。尽管很多设计师具备丰富的低碳知识，也有一定的低碳环保意识，但是在面对企业及甲方需求时，难以权衡经济利益、生态利益和社会利益的关系。在绿色低碳发展理念的大前提下，设计师仅仅实现经济利益是远远不够的，更重要的是社会责任感和使命感。

设计师需要对包装生产全流程"排碳"高度敏感。设计师需要着手从包装生产全流程、整个产品生命周期降低碳排放。而设计是整个周期的源头，如果设计师在一开始不具备绿色低碳意识，没有良好的低碳设计思维习惯，考虑不够全面，在生产、销售等很多环节会出现高碳排放，与一开始绿色低碳的初衷相违背，设计的意义和价值也就大打折扣。

低碳意识下企业的思考

在环境形势严峻的大背景下，企业实现低碳发展具有重大现实意义，具备低碳意识和坚持低碳发展态度是实现可持续发展的前提，企业应当提高对低碳建设的重视，承担社会责任，在绿色低碳包装创新方面仍需努力。

一方面，企业应该与包装设计师紧密合作，鼓励使用再生材料，同时应该考虑包装在生产流通各个环节出现的问题，因影响低碳目标，影响包装生命周期而进行权衡取舍。

另一方面，包装品牌企业对全民绿色低碳消费行为的引导方式还需探

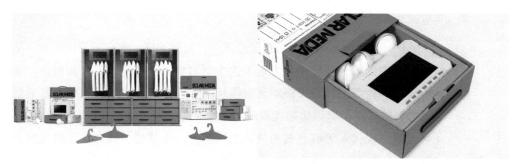

图2-3　Solar Media太阳能发电产品包装（设计：潘虎工作室）

索。除了传统的媒体宣传、科普讲解之外，现今人们更愿意从"体验"中获取信息，推出多样化、专业化的低碳包装设计，让消费者在使用的过程中体验到低碳包装带来的新鲜感、仪式感，对低碳生活方式更具认同感、归属感。

图2-3展示的太阳能照明设施包装，由潘虎团队专为电力欠发达地区精心设计。看似普通的盒子，内部的瓦楞纸可以折叠成衣架，盒子本身也可用作衣柜、橱柜或任何储物空间，使产品包装在不增加成本的情况下重复使用，解决了贫困地区人们电力短缺问题的同时，不增加垃圾处理压力和成本，一定程度上改善贫困地区人口的卫生条件，不仅传达出产品清洁和节能的属性，也更强调品牌的人文关怀。

低碳意识下政府的思考

政府支持以及企业间的良好合作是实施低碳生产的重要支撑，但宏观层面看，政府在环境保护、节能减排问题上，仍存在局限性。

一方面，政府需要投资低碳包装设计项目实施，鼓励企业组织结构升级，突破包装生产技术上的壁垒，实现节能减排和绿色技术创新。

另一方面，政府需要健全法律法规的建设。一是推动完善绿色设计、绿色生产、提高资源利用效率、发展循环经济、严格治理污染、提倡绿色消费。二是健全绿色收费价格机制，例如生产环节的污水处理，政府可以对污水产生者建立付费机制，分类计价、分量收费等，有效管控排污。三是完善绿色标准、绿色认证体系，有效监控节能环保、清洁生产、清洁能源的实施。

另外，政府目前对低碳科普范围不广，深度不够，力度不足。比如学生作为社会中的主要年轻群体、未来的中坚力量，应该是主要宣传对象，而对于高校学生而言，每天接触大量的快递、外卖包装，低碳包装科普更是十分必要的，不但可以传播低碳理念，提高对低碳包装的认识与科学素养，还可以激发现代人培养低碳消费习惯的热情，让低碳生活方式在未来成为主流。

第二节　包装材料环节思考

就目前市场中的各类包装而言，使用材料依然以塑料、纸质、木质或金属为主。宏观层面上看，主流包装材料在某些方面有明显优势，但是大量使用不可再生、非环保材料设计生产的包装，是造成生态赤字的主要原因之一。即使一些行业一直在对包装进行改良设计，例如外卖快餐、快递行业等，以缓解大量包装对环境造成的污染，但由于我国人口基数大，各类包装用量巨大，且改良设计和生产技术有待发展，现阶段低碳包装材料仍存在很多问题值得设计师研究思考。

纸质材料

造纸业是一个"高碳耗"行业。造纸工业产量大，用水量多，原料需要用大量碱水浸泡，其产生的废水无法再次利用。工业废水排放至江河中，废水中的有机物质会在水中消耗氧气进行发酵、分解，从而导致鱼类贝类缺氧死亡，并且造纸过程中产生的废气和固体废弃物也是不容小觑的。废水中的树木碎屑、腐草、腐浆沉入水底或堆积在河床上缓慢发酵，会发出臭气并污染土壤。

目前纸类制作全行业2020年共生产25498万吨，其中包装用纸生产量705万吨。许多国家回收废纸会用来做再生纸循环利用，制作时需要将其打碎、脱墨、制浆，经过多种工序加工，其生产过程要经过筛选、除尘、过滤、净化等工序，工艺和科技的含量很高，因此再生纸造价更高，再生产过程也会产生二次碳排放（图2-4、图2-5）。

图2-4　2020年纸及纸板各品种消费占总消费量比例

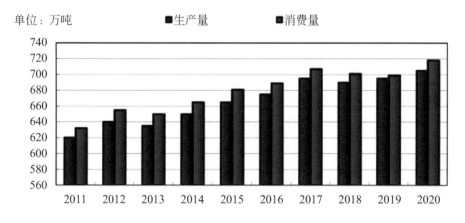

图2-5　包装用纸2011～2020年生产量和消费量

在食品包装领域，比如一次性纸杯等，为了具备对水、油等阻隔性能，需要在原纸上淋一层塑料薄膜，目前绝大多数淋膜为聚乙烯（PE），但是PE淋膜产品存在不可降解、不可再制浆、回收困难等问题，因为对这层膜再加工很困难，需要先剥离这层膜，并且价格不菲，而很多消费者并不了解，所以会投掷进可回收垃圾桶，这也增加了回收分拣的成本。同样，用作生鲜包装的瓦楞纸、箱，为提高防水防潮防冰冻性能会浸渍蜡，由于蜡的不可回收性，导致蜡质瓦楞纸箱（WCC）可回收性较差。

非纸质材料

➲ 金属

用于包装上常见的金属材料有铝、铁、金、银、铬、钛等。金属在常见的包装材料中是回收再生效果最好的，可循环使用，性能不会发生太大改变。金属包装随处可见，大到运输包装用钢桶，小到马口铁饼干盒、铝制易拉罐等。但同时金属材料存在的主要问题是化学稳定性差，当金属用作食品包装时，易与食品发生反应，易发生重金属迁移；耐蚀性不如玻璃和塑料；成本较高等。

例如在罐头类食品储运的过程中，罐头内食物与金属包装材料长时间接触可能导致部分组分迁移到食物中，引起金属材料表面腐蚀、食物变质、气体产生和某些金属元素溶出等，缩短保质期，造成浪费。

为解决此问题，在传统金属制作工艺中，会在内部进行加腐蚀涂层处理，在涂层高温烘干处理过程中，消耗大量的热能，带来挥发性有机物（VOCs）排放、排污和回收等难题。

原始铝材料的生产需要经过铝土矿的开采和高温冶炼，在此过程中会排放大量的温室气体。再生铝的生产制造所需能源消耗可减少95%，碳排放也可减少95%，所以铝制包装材料的回收再利用发展前景很可观。

➲ 塑料

继国家出台"限塑令"，为进一步坚持可持续发展战略、发展生态文明建设，我国又出台"禁塑令"，国管局2021年1月28日发布《公共机构停止使用不可降解一次性塑料制品名录（第一批）》，要求公共机构带头停止使用不可降解的塑料，让绿色包装不再是口号。

普通塑料包装在使用过程中受到氧气、光照、微生物等侵蚀后，极易出现脆断、老化、发霉等问题。并且一般塑料的强度弱，抗冲击、抗压、抗弯曲能力差，大大简短包装使用生命周期。

为了提升塑料材质性能，塑料包装材料一般会添加稳定剂等化学助剂，虽然提升了使用寿命，但是生产过程中增加了碳排放量，同时造成了塑料安全性的问题。此外，塑料材质易产生静电，因此在生产、搬运、物流过程中易发生危险，造成人力、财力损失，其产品也会影响消费者的使用体验。

可降解塑料也存在一定的缺陷，例如与性能较好的石油基塑料相比，生物可降解塑料的拉伸强度和断裂伸长率低，商品流通中更容易报废。另外，国内垃圾回收系统仍处于前期发展阶段，几乎都采用焚烧和填埋的方式，可降解塑料制品的尾端产业链相对滞后，这也限制了可降解塑料的发展；反观国外，目前欧美国家积极推广堆肥化处理形式，减少垃圾场的负担，还可以转废为宝。表2-1为塑料分类。

表2-1　塑料分类

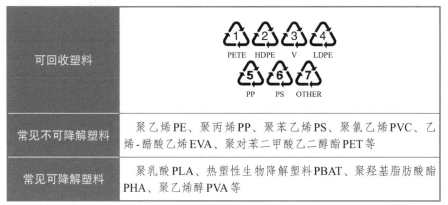

可回收塑料	PETE HDPE V LDPE　PP PS OTHER
常见不可降解塑料	聚乙烯PE、聚丙烯PP、聚苯乙烯PS、聚氯乙烯PVC、乙烯-醋酸乙烯EVA、聚对苯二甲酸乙二醇酯PET等
常见可降解塑料	聚乳酸PLA、热塑性生物降解塑料PBAT、聚羟基脂肪酸酯PHA、聚乙烯醇PVA等

⊃ 玻璃

玻璃是一种传统的包装材料，具有惰性、不易渗透、透明美观等优点，甚至在某些领域处于垄断地位，例如高端化妆品市场、香水市场等。

但也存在很多限制其发展的因素：一是构成玻璃各种鲜艳颜色的重金属氧化物、硫化物或硫酸盐，在高温熔化时会发生气化，排放至大气造成污染，同时在燃料端使用非清洁能源也是造成高碳排放的主要原因；二是原料粉尘及玻璃加工粉尘的污染严重；三是在玻璃生产过程中磨料、抛光剂、洗涤剂等产生的废水含有重金属和氯化氢等毒性物质，直接危害水资源。

除此之外，玻璃包装回收再利用有一定难度，一方面玻璃器皿很难清洗，另一方面运输中也容易加高损耗。由于玻璃材料对温度具有很强的敏感性，我国南北天气温差较大，南方制造的玻璃运输到北方很容易受损破裂，不仅引发质量问题，造成的人力、物力消耗与排放也是无可挽回的。

⊃ 天然材料

天然材料是指相对于人工合成的材料而言，自然界原来就有未经加工或基本不加工就可直接使用的材料，如橡胶、石材、蚕丝、亚麻、皮革、黏土、竹子、麻、藤、葫芦、荷叶等。

天然包装材料虽然有着无可替代的优点，但是目前仍然存在局限性。

在商品性上，部分天然材料生产成本高，例如一些可降解材料生产成本为石油基塑料的3～10倍，在商品流通环节中就可能遭拒。部分材料生长周期慢，产量低，韧性差，拉伸度不足，不能满足大批量机械化生产。如果手工制作，也会增加人力、物力消耗，增加碳排放。

在回收性上，天然材料由于受环境影响较大，在缺乏紫外线或温度较低时难以降解，降解周期长，增加了环境压力。部分材料不利于回收再利用，例如皮革，多用于红酒的包装中，造价相对较高，回收的可能性较小，无疑增加了碳排放量。

复合材料

复合材料是指多种材料的混合物，多用于食品、药品等产品的包装，单一塑料薄膜已经不能满足新型包装要求，而其他材料不能单独使用且成本较高，因此通过复合技术将通用塑料与其他材料结合。

在保护性上，由于复合材料性能不一，各层厚度有变化，不同材料的拉伸度、破裂强度、耐折强度等都不相同，另外，还需考虑防水性、防寒性、密封性和避光性、绝缘性等，对制造工艺与方法有很高的要求。

在卫生性上，复合材料生产过程中普遍使用的溶剂型黏合剂，会排放大量的VOCs（挥发性有机物），气味大、污染严重，并且有机溶剂会残留在包装中，成为食品药品安全隐患，上胶后烘干工序还会消耗大量的电能。

在商品性上，由于复合材料性质不同，需要分别印刷，这不仅增加了生产过程中的碳排放量，还增加了包装成本。有些复合包装复杂，很难实现机械化操作，不便于包装作业，增加包装成本。

在回收性上，复合材料废弃后一般进行焚烧处理，处理不当会对大气造成污染。部分软包装为了拥有密封保险的功能，选择多层复合材料，而传统复合材料的黏合剂有毒性，在垃圾焚烧时会释放有毒物质，同时增加了分离工艺的复杂性、回收成本和能源消耗，对特定的复合材料比如利乐包装等，还需要特殊处理。

图2-6～图2-12为不同材料的设计实例。

图2-6　wishbone coffee金属罐装咖啡（设计：Also Known As）材料：铝、纸

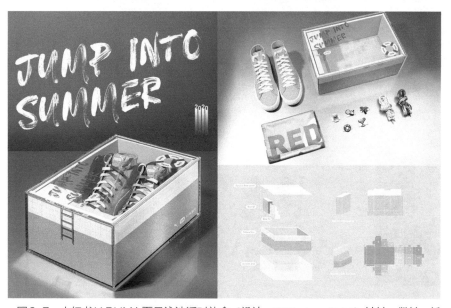

图2-7　小红书×PUMA夏日泳池派对礼盒（设计：REDesign official）材料：塑料、纸

图2-8　Usual wine葡萄酒包装
（设计：Usual wine）材料：玻璃、铝

图2-9　农夫山泉矿泉水包装
（设计：农夫山泉）材料：玻璃、铝

图2-10　"一齐米"米包装
（设计：台湾掌生谷粒）材料：纸、麻

图2-11　茶点心烧卖包装
（设计：Vinti7）材料：纸、竹

图2-12　ANI Product乳制品系列包装（设计：ANI）材料：纸塑复合材料

第三节 生产环节思考

包装生产作为降低产品碳排放量的重要环节,其传统的生产加工方式面临巨大挑战。传统包装生产主要包括纸质包装、金属包装、塑料包装等,工艺涉及面广且生产过程中涉及大量化学材料的使用。为贯彻绿色低碳理念,需要基于包装生产的各个工序对设计进行考虑。

印刷工艺

印刷作为包装生产中一种不可或缺的装饰与传递信息的手段,广泛存在于各类商品包装中。由于印刷生产过程中需要经历出菲林、打样、制版、上机印刷、印后加工等步骤,因此不可避免地需要使用油墨、油墨稀释剂、黏合剂、印版清洗剂等多种含化学物质的辅助材料。

⊃ 印刷材料

油墨在传统包装印刷中起着必不可少的作用,其中传统的有机溶剂型油墨由于其在生产过程中印刷速度快、品质好、成本低而得到生产商的广泛运用。然而就溶剂型油墨本身来说,其不仅含有铅(Pb)、汞(Hg)、钡(Ba)等重金属物质,且采用甲苯、二甲苯、丙酮、丁醇、乙酸乙酯等挥发性有机物作为溶剂,极易产生有毒挥发物质,存在一定的安全隐患(图2-13)。

⊃ 印刷过程

包装印刷生产中的不符合低碳理念之处主要表现在对大气及水环境的污染。在传统印刷中使用的有机溶剂成分复杂且具有沸点低、易挥发的特点,并易产生含有苯、甲苯以及异丙

图2-13 印刷场景

醇等有毒有害的VOCs对大气环境造成污染。同时洗板废水、油墨清洗废水等也会将其中残留的重金属、有机溶剂带入污水中，产生污染因子，增大污水处理难度以及工作量。表2-2为印刷工艺主要污染情况。

表2-2　印刷工艺主要污染情况

污染类别	生产工序	主要污染因子
废气	润版过程、油墨印刷过程以及墨槽、胶辊和橡皮布清洁过程	VOCs
	烫金工序	VOCs
	裱糊、复合工序	VOCs
	印制说明、喷码工序	VOCs
废水	废印版水、油墨清洗废水	BOD_5、COD_{Cr}、色度、总氮
固体废物	裁切开料、裁切成型、模切成型	废边角料
	印制说明、检验喷码	废墨桶
	润版过程，油墨印刷过程以及墨槽、胶辊和橡皮布清洁过程	废润版液桶、废墨桶、废擦机布、废橡皮布、废CTP版
	模切成型	废模切板
	烫金工序	废烫金版、废烫金纸
	裱糊、复合工序	废胶包装桶
	有机废气处理	废催化剂、废活性炭
	废水治理设施	泥饼

⊃ 金属包装工艺

　　金属包装作为一种保护力强、可回收的包装，现已应用在食品、生活用品、医药等领域，可根据需求制成不同大小形状，在包装行业应用广泛，是包装工业的重要组成部分。金属包装相较其他材料有其独特的优势，但由于其生产工艺涉及钢材、铝材等的处理，难以避免存在以下几点问题（图2-14）。

　　首先，高污染。罐身印刷、内喷涂及烘干过程中易产生有害气体。与纸质包装印刷类似，金属罐身印刷由于生产过程中需要使用溶剂而产生VOCs对大气造成污染。罐身生产过程中，清洗

图2-14　金属包装生产产生废气

磷化产生的废水会造成水污染。

其次，高耗能。由于在金属包装生产过程中需要大量的热量冶材，以及在印刷涂装过程中需要烘干，金属包装工艺对能源的消耗是大量的，其中包括电、天然气、煤等传统能源，大量使用造成碳排放增加。

⊃ 塑料包装工艺

塑料包装是产品包装设计主要应用的包装方式之一，且由于其稳定性与便利性，其在产品的包装应用中占较大比例。塑料包装工艺包括挤出、注塑成型、热成型、塑料发泡工艺等，其中挤出和注塑成型是最常用的工艺，主要是将固体颗粒、液体等其他形态的原材料制作成所需造型。在塑料成型的过程中，需要使用到多种溶剂，例如增塑剂、着色剂、聚合物助剂等，这些溶剂在生产过程中大量使用会产生大量的VOCs废气，对大气环境造成污染。同时，在对机器进行清洗的过程中，残留化学溶剂若处理不到位，或将进入水循环，对水质造成污染。由于塑料包装生产企业较多，生产工艺与排放处理能力参差不齐，造成污染程度不一，管控难度较高。

⊃ 定制化生产

产品包装设计日趋多样化，独特的且个性化的包装愈得消费者的青睐，商家为迎合消费者此种心理，对商品包装进行定制，倾向于小批量、多品种的生产。对包装机器来说，小批量个性化定制生产复杂，需不断重复设计—打样—生产的过程，传统生产机器多为单机自动化，无法进行数据互通，每生产一种新包装都要更新生产参数、制版、开模等，对生产效率及稳定性有一定影响，且消耗大量人力物力。例如，同一种类产品设计多种包装，材料造型各不相同，增加生产成本的同时消耗资源，导致碳排放增加（图2-15、图2-16）。

图2-15 通用包装

图2-16 非通用包装

人工成本

人工成本直接影响企业的生产成本，在包装生产中，企业对需要人工操作的部分相对控制力较弱，对于缺乏稳定统一生产标准的中小企业来说，包装设计烦琐在生产过程中将增加工人工序，降低工人效率，从而导致次品、废品产生，不仅使企业收益降低，增加不必要成本，且易造成材料的浪费，不符合低碳环保的理念。

设计尺寸

包装设计尺寸不合理导致生产裁剪时对材料运用不充分，产生废料。以纸张为例，印刷常用尺寸规格为4K、8K、16K等，16K尺寸为210mm×285mm，若在设计时将尺寸定为210mm×297mm，则需要使用8K的纸张，即造成纸张资源浪费，增加碳排放。

材料厚度运用不合理导致不必要成本增加。例如，生产某产品包装只需80g的铜版纸就能达到所需强度与美观效果，而生产时使用了100g的纸张进行包装印刷，造成非必要的纸张资源浪费。

第四节　物流环节思考

后疫情时代加速了人们线上购物趋势，商品货件运输推动了物流行业的新发展。眼下许多快递公司如顺丰、京东、圆通、德邦等包裹驿站也入驻农村，物流信息化与人们日常生活越来越密切相关。现代化物流运输作为包装大环节的重要一环，在绿色物流运输以及低碳包装中仍有不可忽视的问题亟待思考。

物流运输前

物流运输前需要同时关注产品包装的内外部问题。内部问题主要表现在包装造型不合理，空间利用不充分，产品包装间隙大于产品体积，从而造成空间容积率大，增加运输成本，引发因包装结构无法保护产品本身而造成损失的迭代问题。例如，有些产量较少的产品本身造型呈尖锥状、椭圆状、细柱状等不规则造型，因其产量不多，商家就谋利成本而言不愿再为该不规则造型产品专门开模设计一个"合身型"的包装填充物料，但又担心运输过程中产品破损，商家会选择采用大量塑料气泡布和透明缓冲气垫等对不规则造型产品进行重重包裹。而这些被增加使用的填充物料一方面造成物流包装的空间浪费，另一方面它本身是较难降解的塑料材质，这样的内部过度包装违背了绿色低碳包装的真正意义。我国现有的快递企业在1.5万家以上，绝大多数企业往往忽略过度包装与资源浪费等相关问题而侧重对内装物的保护功能。

外部问题主要表现在不少电商为了保护内部产品在运输和装卸配送过程中不漏损，往往对快递包裹外表采用大量胶布进行"五花大绑"。消费者在收到货物后需借助剪刀等工具将胶布层层拆封，一不小心就会损坏内装物。而这些胶布大多毫无美感且识别度较低。现存快递企业少有识别度较高的胶带，事实上，"颜值"胶布是塑造快递物流包装品牌的元素之一，识别度较高的胶布能给消费者留下更深的印象（图2-17）。

图2-17　快递纸箱外部包装

物流运输时

物流在运输过程中也存在着非低碳问题。第一，电商时代下催生的大量快递物流订单，厢式载运货车等陆载交通工具容易造成交通拥堵和环境污染，且货车的运输时间是有限制的，这无疑降低了物流的配送效率。第二，同一车载不同产品因包装大小不一、形状各异造成的不便装箱，物流载运集装箱空间浪费现象层出。另外，恶劣天气、多次周转等因素对产品的包装在固定性、抗摔、抗压、抗磨损、防水防霉以及表面清洁度等都提出了新要求。

物流运输后

　　物流运输后,在人机搬卸过程中同样存在着包装不合理问题。在人工搬卸过程中,常有因包装材料不结实或包装结构不合理而导致的物件损坏。此外,人们在超市中挑选经过运输后上货架的产品时,在产品的性能值与价格值比都差不多的情况下,6瓶塑封无提耳的组合装牛奶和6瓶纸质包装有提耳的组合装牛奶,人们大多选择后者,提耳包装在人工搬运过程中更具便携性;而非提耳包装产品仍需在产品结算时另购包装袋才能达到便携目的。可见,不便携包装在人工搬运中是诱发非低碳行为的重要影响因子。在机器搬卸过程中,流水作业的机器因为产品包装造型各异,也不便统一搬运操作。表2-3为物流过程各类非低碳问题。

表 2-3　物流过程各类非低碳问题

物流环节		运输前	运输时	运输后	
包装非绿色非低碳问题	内部问题	包装造型不合理空间利用不充分产品包装间隙大于产品体积等	第一,厢式载运货车等陆载交通工具易造成交通拥堵和环境污染;第二,车载不同产品因包装大小不一、形状各异造成集装箱空间浪费	人工搬卸	非提耳包装诱发非低碳行为;包装材料不结实或包装结构不合理导致物件损坏
	外部问题	"五花大绑"式密封胶布层层包裹致胶布开封难,胶布浪费且毫无美感等		机器搬运	产品包装造型各异,不便统一机械搬运

第五节　仓储环节思考

　　产品的仓储包括入库、储存、出库等多个流程,需要做到产品的保护、存放、运转等各项基本工作。基于不断增长的商品规模与数量,仓储需求增大,低碳理念在仓储环节的重要性也逐渐提升。事实上,包装设计对于仓储环节缺乏重视,在传统仓储过程中存在许多不合理的包装导致仓储成本居高、空间资源浪费的问题。

保护结构

在仓储环节的各项流程中，商品需要经历多次移动、搬运、分拣，且需要适应不同的仓储环境，因此包装结构不合理易导致产品破损，增加产品非必要损耗，导致企业成本增加，浪费资源。例如，在对玻璃杯、保温瓶内胆等易碎物品的包装进行设计时，未考虑到出入库时易被震碎等设计要点，只进行简单结构包装设计，易导致仓储过程中产品碎裂，浪费资源。

内部结构

目前，机械自动化仓储方式仍未大范围普及，人工与机械合作仍在仓储中占较大比例，产品包装设计对内部结构及重量的考虑有所欠缺。一方面，为使产品精美吸引消费者，对产品进行反复且多层的包装，以及采用贵重包装材料，包括但不限于金属、塑料、玻璃等，增加了产品的重量和体积。另一方面，为减少包装材料使用或捆绑销售，增加包装内产品数量，导致搬运重量增加，从而增加了仓储工人搬运的工作量与难度，降低搬运效率，增加仓储成本（图2-18、图2-19）。

图2-18　某衬衫包装

外部尺寸

由于消费者日常生活使用产品的多样性，其包装尺寸大小常随产品的尺寸与外形变化而变化，因此在仓储过程中，将面临所要储存产

图2-19　某礼品包装

品包装尺寸不一的问题。

同类产品包装尺寸不统一，搬运过程复杂。在商品仓储环节，存在大量不同包装尺寸、不同包装材料的同类型产品，尤其随着电子商务的高速发展，多数包装具有小批量、个性化的特点，导致仓储环节工作量增大，流程复杂。

入库过程中，首先，不便于统一大量搬运。由于包装尺寸不一，各尺寸包装需采用不同机器进行拣选搬运，统一搬运无法确保产品及其包装安全，大多采用多次少量的搬运方式。其次，包装设计尺寸考虑不足，易导致入库过程中难以充分使用托盘，消耗更多的人工及机器成本，降低了仓储环节的效率，提高了企业成本。此外，小件组合包装不易分拣，需要工人在分拣提取时消耗更多精力，种类繁多的产品搬运导致入库复杂化，无法保证工人搬运熟练度，失误率或增高，造成产品及包装损坏，当包装设计不合理、重量过大时，还会导致难以搬运的现象。

储存过程中，包装尺寸的不合理导致空间利用率低，空间容积率小。当商品包装造型不规则、设计不合理时，会导致包装间隙大于商品体积，存放需要占用过多储存空间，增加仓储成本。出库过程中，包装尺寸不合理，不便于装箱运出。尺寸各异的包装在装箱时无专用标准，难以充分利用装箱空间，造成空间及纸箱浪费（图2-20）。

图2-20　人力搬运场景、个性化包装不易分拣、包装种类繁多、包装尺寸差异大

第六节　销售环节思考

销售模式多样化，使得产品有上万个SKU（Stock Keeping Unit）可供消费者选择，同时也带动了销售竞争，在这样的条件下容易暴露出一些产品包装在销售环节中存在的非低碳非绿色问题。

销售包装

在线下卖场，具有陈列优势的包装能让消费者在3米远的地方就能从琳琅满目的产品货架上发现产品。当消费者把产品拿在手里细看的时候，能让消费者在5秒内做出购买决定的包装便具有设计价值。例如，在线下超市里，含有食欲的产品照片或露出部分内置物的食品包装，往往要比与上述反之的包装更能吸引消费者眼球，带动产品销售。而同质化销售包装缺乏吸引力、不具竞争优势，会引发滞销，导致食品安全风险上升、过期食品垃圾增加等，从而造成碳排放量增加（图2-21）。

图2-21　线下超市销售包装

此外，搭售包装也是常见的一种销售包装。我们常见大瓶的洗衣液搭售小瓶的同类型产品，洗洁精与清洁产品捆绑销售等。但是，也有一些商家为了盈利，降低经营成本，经常在产品包装外搭售一些劣质的附加品，既违背消费者购买意愿，同时又影响包装美观。如图2-22所示，箱体农夫山泉的非浓缩还原果汁在销售时搭配了塑料果盆，这样的塑料果盆成本极低且不具美感，脱离附属主体，单独的塑料果盆在同类竞品

图2-22　农夫山泉非浓缩还原果汁果盆搭售

中产品价值较低，消费者无奈下购买以次充好的附加品，造成劣质附加物的弃置。

包装信息

销售包装的虚假信息、过量信息、含糊信息等也存在着高碳隐患。生活中，市场上有些品牌宣称使用"可降解、可回收、环保"的一次性包装餐盒，经检验后，这类一次性包装餐盒含有致癌荧光物质且材料降解后会对环境造成污染。这种使用虚假信息的销售包装既不低碳也不健康。

还有些销售包装为了吸引消费者眼球"赢"取经济利益，常在包装上做过多宣传信息，如在产品包装上贴"爆款""今日促销""限量款"等宣传标签，这样的销售包装既增大油墨印刷，也浪费材料。

此外，如图2-23批发市场的玩具气球，气球包装开启时有一股刺鼻难闻气味，这类气球采用劣质橡胶添加化学杂物制成，气球鼓吹后氧化对空气造成污染，且这些批发气球包装上大都无具体信息，包装简陋。这些有意被模糊掉产品信息的包装，不仅侵犯消费者知情权，消费者所购的劣质产品还可能对人身健康、生态健康造成危害。

图2-23　玩具批发市场气球包装

包装规格

有些商超以大包装、低利润的销售方式，所售产品多采用大箱包装或组合包装以降低成本，顾客由此可享受低廉的仓储价格。事实上，这样在消费过程中有浪费行为。比如，超大份额的食品等，因其产品分量大，整装包装规格大，且保质期多为 2 ～ 4 天，个人及人口数量少的普通家庭是难以食用完的，从而助长食物浪费等非低碳行为蔓延。

第七节　使用环节思考

设计师们在包装制作的设计过程中通常会忽略消费者在实际应用中会遇到的问题，单纯把它当作了产品的附加品，过多注重包装的美观性、功能性、保护性而遗忘了实用性，违背了我们绿色低碳的初衷。

使用过程

消费者在产品的携带过程中，由于包装材料及结构的不合理，易出现包装破损或产品磨损等现象，如体积较大的纸箱包装、编织类包装等，携带者很难找到着力点，就会通过拖拽的方式搬运，包装与地面发生摩擦，很容易产生破损，而且编织袋包装多用车缝线封口，很难徒手开启，借助工具很容易破坏编织袋，无法再次利用。

商家在包装产品时为了更好地出售以及在打包快递时防止运输中出现损坏，经常会过度包装，使用户在实际使用过程中多有不便。部分商品本身不大，但外包装的体积和内部的包装间隙却远远超过商品本身的体积，导致包装整体观感和产品实际内容严重不符，给消费者带来一种错觉，形成心理上的落差。这种行为既欺骗消费者，影响了社会风气，又浪费了资源。此外，商家为了保护商品在运输过程中的安全，使用的包装层数很多，整体包装完全超出了基本的承载和保护功能，既增加了成本和耗材，还产生了大量的包装废弃物。消费者打开包装程序烦琐，且拆开后很难再循环利用。如图2-24、图2-25所示，月饼的礼盒包装：塑料小袋里包装、纸质盒子中包装、大铁盒外包装，再加纸箱运输包装。这些包装的二次利用度极低，过度包装造成较大的资源浪费。

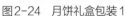

图2-24 月饼礼盒包装1   图2-25 月饼礼盒包装2

开启设计

市面上现存的部分包装开启口难以寻找，缺乏开启说明，导致消费者盲目打开包装，不仅会影响包装使用、破坏包装结构，还会造成产品损坏。包装材料、结构、造型等特点都会影响包装开启方式的合理化，比如市场上的屋顶盒酸奶，开启后盒盖上通常会残留一些酸奶，部分人会选择直接丢弃造成浪费；瓶装的酸奶，由于瓶口过小，也总是会有残留部分难以清理，导致加大回收成本。

第八节　回收环节思考

包装产业发展迅猛的同时，包装废弃物也随之暴增，然而回收率却非常低，甚至达不到百分之二十。除了啤酒瓶和塑料周转箱回收状况稍好，其余包装大多数使用后被当作垃圾丢弃，引发了自然资源大量消耗、废弃物难以处置和废弃物管理压力的增加等诸多问题。

二次利用

大部分包装在使用后会直接被丢弃，只有小部分包装可以在消费者使用后实现二次利用，但往往又因结构或质量问题，导致包装性能下降，包装生命周期减短，不利于实质上减少碳排放。以快递包裹为例，这些快递的包装大多都是用一次性材料制成的，使用完毕后就将其当作垃圾丢掉，二次利用率非常低。

回收意识

改革开放以来，我国人民生活水平日益提高，人们越来越注重生活的质量，但是环保意识、废弃物回收意识目前来看有些薄弱，大多数民众对包装回收认识不足，知道回收却不知道具体哪些包装可以回收，准确地把使用后的包装物放进指定回收桶的数量仅占总数的9.73%。此外，政府有关部门对包装回收的技术研发、公共设施与设备投入资源不足，对绿色包装环保的宣传力度、监管力度不够，缺乏有效的惩罚与激励措施，没有明确的回收监管政策和标准，导致快递企业与包装生产企业更加注重企业经营的直接效益，不够重视绿色环保包装及回收所带来的长远利益。

回收体系

近年来，在国家相关政府部门的政策指导下，我国包装废弃物回收体系的建设虽有进步，但问题还有很多，目前主要体现在回收站点不集中、回收成本高、回收渠道混乱以及相关法律法规有待完善等方面。

⊃ 回收站点不集中

回收站点面积小，分布散乱，缺乏统一集中的废弃物回收站。包装回收站点合理地址的确定、快递包装回收站点的建立尚未完善。如图2-26所示为

图2-26　校园快递包装废弃物回收站点

校园快递包装回收站点，面积很小，不仔细寻找难以发现，只能承载极少的包装废弃物，达不到快递站点快递的百分之一，大部分同学都是取回宿舍打开包装，之后当作生活垃圾丢到垃圾桶，这就使包装回收存在一定程度的流失（跟随生活垃圾流入垃圾回收站），导致可循环利用的包装大量损失，不仅增加了生活垃圾处理负担，还造成资源浪费。

⊃ 回收成本高

目前市场上的一次性包装材料因为其成本低、应用普遍，绿色环保包装材料成本高、使用较少，因此包装回收收益不高。然而回收却需要大量的人力、财力，包装的回收需要人员进行运营，包装回收所需要设置的站点以及回收站负责运维的工作人员都需要占据一定的成本。

⊃ 回收渠道混乱

我国的包装产业正处在开放式的高速发展阶段，各个企业对产品的包装没有统一的要求。由于缺乏标准化的操作流程和科学的管理体系，各种包装材料大小五花八门，对于同样的产品包装，不同的企业也可能使用不同的材料或者同一材料不同大小，导致当下包装废弃物回收渠道混乱，回收方式缺乏统一标准。

⊃ 法律法规有待改进

我国包装回收起步较晚，没有专门针对包装的立法，面对包装废弃物的快速增加，我国环保、商检等相关部门一直致力于包装废弃物的处理与回收方面政策法规的研究，但目前为止还没有适合我国国情的法律法规，现有的相关法规标准无法进行有效的约束。目前我国与包装有关的法律法规有《环境保护法》《固体废物污染环境防治法》《清洁生产促进法》《循环经济促进法》《城市生活垃圾管理办法》《再生资源回收管理办法》《推进快递业绿色包装工作实施方案》等。但它们都有各自的局限性（表2-4），实施条件尚不完备，实施成本较高。这些现有法律法规标准老化，更新换代慢，且内容基本以"应当"字样为主，责任主体及责任内容不明确。

包装废弃物回收体系的建设相较于包装产业的发展稍显滞后，各企业、部门虽有努力，但由于生产、使用、回收等核心环节没有科学的管理体系，不能统一协调行动，制约了关于低碳包装及包装废弃物回收的研究和发展，

表 2-4　我国与包装有关的法律法规

法律法规	优点	缺点
《固体废物污染环境防治法》	对包装物的整个生命周期都有相关规定，也规定了生产者对废弃物回收责任	只有列入相关目录的包装物企业才必须进行回收，未列入的不强制性回收，而占包装废弃物大头的快递包装并不在目录内；相关目录也没有进行及时补充，甚至目录本身也极难查询
《清洁生产促进法》	要求包装应当选择在其整个周期中减少对健康和环境危害的方案，包装必须符合合理要求，最大化减少其对自然环境的危害，不得进行过度包装	规定包装应当合理，不得进行过度包装，但是却没有说明如何包装算是合理包装，包装到达何种程度才是过度包装
《快递封装用品》	规定了快递包装的外包装材料要求	对内填充材料没有具体规范
《国务院关于促进快递业发展的若干意见》	提出建成绿色节能的快递服务体系	细化的任务要求当中并没对快递包装绿色化的描写
《包装废弃物的处理与利用通则》	规定了对各类包装废弃物的分类、处理与利用的基本要求与方法、效果评价准则	没有规定未履行责任的后果以及应当回收的数量标准，对责任者没有太大的约束，仅仅是责任者对商品包装废弃物的回收作为一种自发行为，缺乏必要的强制性

阻碍了回收体系的完善。例如我国当前回收方式有三种（表2-5），但由于没有联系、没有组织，都有其各自的局限性。包装废弃物回收应是全社会各个部门、各个企业都关注的问题，各部门各企业应该联合起来，形成一个整体，构建一个完善的、专业的回收体系。

表 2-5　我国当前回收方式

回收方式	特点	缺点
生产商回收	利用互联网搭建回收网络	人力、物力、财力需求大，回收数量和范围有限
生产商与企业协同回收	线下销售及售后维修环节开展回收	信息反馈慢，流程复杂，各企业回收体系存在差异，难以协调
第三方企业回收	自营回收平台	依靠专业回收人员和完备的回收物流网络，成本较高

小结

尽管社会对于增强低碳意识、坚持低碳发展的认同感日渐提高，但在产品包装由设计至使用回收的各个环节，传统高碳排放的方式及理念并未得到实质性转变。结合本章对产品包装产业提出的思考，一定程度上能对目前推动绿色低碳所面临的现状有所了解。

一方面，产品包装产业的减排速度与低碳理念的迅速普及不匹配。"绿色低碳"不仅是在观念上给予警示，更需体现在各个实际过程中。现阶段随着经济技术的发展，商品包装产业愈加庞大，低碳理念虽得以广泛传播，但在实际各环节中仍然难以落实。为保证企业经济效益，产品的材料、工艺及仓储物流环节等大部分仍保持传统的高碳排放方式，例如塑料、金属等非低碳包装仍被广泛使用。消费者易倾向于精美的产品，也使包装设计师难以在供给端创新，低碳理念在需求端与低碳包装设计两方面融合深度不够，在使用、回收环节碳排放量高，因此设计及后续环节还需不断融入低碳理念。

另一方面，低碳包装普及成本较高。虽然包装产业一直在进行低碳改良，但技术手段以及外部条件尚不成熟，新型环保工艺材料及储运回收方式广泛推广需要投入大量精力以及成本，例如天然材料受环境影响大、有生产周期，新型复合材料等对工艺要求高、需要企业一定投入。在无政策强制推行的情况下，大部分包装企业为节省成本，仍旧选择传统包装生产及储运方式，因此，绿色低碳包装难以得到广泛推广。同时企业成本加大带来价格上升，消费者花销随之上升。低碳包装的普及仍存在困难，需要消费者、企业与政府的共同努力与投入。

绿色低碳的实现涉及包装产业的各个环节，低碳意识的推广需落实到实际操作中，以企业、政府、设计师为起点，结合后续节能减排，才能实现绿色低碳的包装创新设计。

第三章
绿色低碳与包装创新设计策略

第一节　设计环节策略

随着5G时代的到来，新设计技术和新设计形式也逐渐从理想走向现实，包装的内容及呈现形式都发生了巨大变化，人们的生活习惯、消费习惯也随之改变。设计师除了帮助消费者获得高层次消费体验之外，还应该引导消费者的低碳消费行为，实现经济效益、社会效益和生态效益和谐统一。

设计手段——多元化

近年来消费者对产品包装的视觉审美开始产生疲劳，人们的审美逐渐回归理性，越来越多的人愿意为设计买单。除了传达产品信息以外，如何在包装上做出突破创新，并向消费者传达绿色低碳消费理念，是探索绿色低碳化包装设计方向之一。于是越来越多的低碳化包装选择视觉扁平化、结构减量化、造型仿生化等多元化设计手段，传达绿色低碳理念，倡导"少即是多"的消费观。

图3-1 Soapbottle香皂瓶包装（设计：Jonna Breitenhuber）

如图3-1 Soapbottle，旨在用香皂包装香皂。使用者需要在矩形的外壳刮去一个斜角，作为内部沐浴露的开口，在使用完沐浴露后可以继续使用香皂外壳，全过程不会产生任何塑料废弃物，唯一留下的只有重复使用的金属夹。这款相当于"我包我自己"的香皂包装，外形有设计感，形式新颖，环保理念明确，既可以做到"零废弃"，同时也达到"买一送一"的效果。

设计评价——生命周期评价法

为实现绿色低碳目的，包装设计师在进行前期调研时，需要将产品包装全生命周期考虑在内。近期发展起来的生命周期评价法（Life Cycle Assessment，LCA）很适合对包装碳排放进行全面综合的追踪与评估。

生命周期评价法是计算产品包装在生命周期内所有输入和输出碳排放量的总和。就包装的生命周期而言，包括包装设计—模具制作—原材料生产—材料加工成型—制版印刷—封装—物流—营销—使用—回收—降解等。

例如在包装设计环节，设计师可以从"全设计流程"出发，选择绿色材料、绿色印刷方式、包装结构优化等方案，加强绿色低碳包装设计源头把关；在包装制造环节，可以打造绿色供应链体系，对原材料供应商加强管控和评估，提升原材料的质量和环保水平；在包装生产环节，可以发展绿色生产体系，从管理模式到生产模式，实现智能化、精简化、参数化，提升生产效率，减少原材料及能源消耗等。这些都可以利用生命周期评价法管控各个环节碳排放情况，整体上减少包装的"碳足迹"。

设计策略——智能化包装

"智能化"是人类的实践经验发展到一定阶段的成果，在包装技术相对成熟的今天，人们更追求安全、便利、环保的包装体验，包装设计师更需要及时地把新材料、新工艺、新结构引进绿色低碳包装领域，让包装适应不同使用环境和场景，达到低碳的目的。而智能低碳包装不单满足于在传统包装上加入新材料、改变结构等基础部分，还应利用新型数字技术、功能材料或特殊结构，提高低碳包装传达多维度信息，与消费者情感交互、储运更加安全等进阶功能，达到绿色、低碳、安全、人性与未来智慧城市接轨的目的。

例如图3-2是由Skipping Rocks Lab开发的包装材料NOTPLA，由海藻提取物制成，海藻原材料廉价易得，并且这种材料无毒、可食用，在4～6周内可以生物降解，是很好的非环保塑料替代材料，目前包装可以适应机械化生产，在外卖调味品包装、方便速食包装、零食包装、运动会赛场补给等方面都代替了塑料，得到了广泛运用。

图3-2　NOTPLA海藻包装材料（设计：Skipping Rocks Lab）

设计理念——科普宣传

在应对碳排放逐年升高、全球气候变暖方面，向社会科普低碳知识、培养低碳意识是主要的措施之一，将其与包装巧妙结合亦可以为低碳包装设计提供新思路，满足绿色可持续发展的"双碳"目标。

如图3-3所示，护肤品牌Primera设计绿色环保IP形象作为品牌"关爱地球，保护湿地"系列宣传活动形象，并运用在系列产品包装与商业宣传中。

图3-3　Primera绿色环保IP（设计：Amore）

该设计将湿地中常见的水獭与地球抽象化结合，采用象征地球的蓝色与绿色作为品牌色。湿地是地球的皮肤，IP旨在引导消费者关爱自己的肌肤的同时，关爱大自然的肌肤，形象设计既具有很高的辨识度和亲和力，又清晰简洁地向消费者传达了绿色环保的消费理念，满足低碳环保主义者的消费需求。

第二节　材料环节策略

在选择材料时既要注意包装在废弃后不会对环境造成污染、易回收、易降解，又要注意材料生产中尽可能对人体和环境友好无污染。绿色低碳包装材料是新型材料的重要组成部分和实现绿色低碳包装的关键。在包装材料选用方面，除了使用新型绿色环保材料之外，通过工艺、技术的改进，减少材料生产过程中的污染和碳排放，提升现有材料性能和强度，减少材料用量也是重要一环，不过环保低碳包装倡导的并不是包装"轻量化"，而是"适量化"，选择合适的包装材料和结构以减小商品的损坏与浪费，也是低碳包装设计的理念。

纸质材料

纸质包装材料是100%可回收利用的，可再生和可降解的属性使之被广泛运用在绿色低碳包装中。虽然纸质材料来源和生产过程不环保，但是如果我们优先选择可回收利用或再生纸质材料，并在生产过程中注重废弃物的处理与再利用，整体来说，纸质材料是绿色低碳包装的不错选择。

⊃ 瓦楞纸

我国的瓦楞纸板、瓦楞纸箱发展已有20多年，已形成相当的规模。瓦楞纸是一类板状物，由挂面纸通过瓦楞辊加工黏合制成，形似瓦楞，呈波形，纸板的弹性、强度都高于普通纸板，具有较好的缓冲性能，可用作1吨以上货物的运输包装箱，运用场景广，可回收性强。瓦楞纸箱平均包含48%的回收纤维，是目前国内最大的再生纤维终端市场，其中36%的回收纸产品将用于生产瓦楞纸，并且不会对其美观和性能造成太大影响，属于理想的低碳环保材料。表3-1为瓦楞纸分类。

表 3-1　瓦楞纸分类

楞型	特点
A楞	抗压强度最高，但易损坏 适用于外纸箱、格板
B楞	稳定性最好，适合印刷 适用于纸箱、盒子、内衬
C楞	强度在A与B之间，价格经济 使用比较普遍
E楞	薄而密、坚硬且美观，重量轻 价格便宜、印刷精美 不适合用于缓冲材料，多用作外包装

由潘虎设计工作室为褚橙品牌所做的包装设计，材料选用瓦楞纸，价格经济，便于印刷，运输仓储保护性好，印刷上撕去外膜呈现哑光质感，更符合品牌调性，也节约成本；结构上是独具特色的升降式结构，在抽取时，好像每一个橙子都是珍宝一样呈现出来，包装独特的交互形式拉近了与顾客的距离并产生情感上的共鸣，一纸成盒的独特设计也节约原材料，减少包装制造产生的废料和碳排放（图3-4）。

图3-4　褚橙包装（设计：潘虎）材料：瓦楞纸板

⊃ 蜂窝纸

蜂窝纸是将两层面纸和一层芯纸复合加工而成的纸质材料，具有强度高、重量轻、缓冲好、价格低等优点，是理想的低碳环保材料。用作缓冲填充物，是很好的塑料泡沫替代品（图3-5），而蜂窝纸板因为其外形美观独特的优势，用作产品外包装时，可以增加品牌辨识度，传播低碳环保的品牌调性与设计理念。

图3-5　酒瓶包装（设计：Typuglia）材料：蜂窝纸

⊃ 石头纸

石头纸即用石头中的碳酸钙研磨成微粒后吹塑成纸，是介于纸张和塑料之间的新型材料（图3-6）。这种纸的原材料来源于地壳内最丰富的矿物质，是经过特殊加工工艺而成的可循环利用、具有现代技术特点的新型纸材料。石头纸的生产过程无需用水、无需添加化学试剂，相比传统造纸工业省去很多污染环节。石头纸的成本比传统纸张低20%～30%，可以用于垃圾袋、购物袋、餐盒等，可以做到防水防潮。使用后可以回收再加工，生产塑胶产品等。在垃圾填埋焚烧时，也具有充分燃烧的优点，不易产生黑烟，二氧化碳排放少，六个月可自然降解。

⊃ 水洗纸

水洗纸是一种可水洗、可印刷、印花、层压、涂覆或丝印加工处理的牛皮纸，是一种新型低碳环保材料。水洗纸的原材料是天然纤维浆，具有无

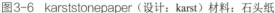

图3-6 karststonepaper（设计：karst）材料：石头纸

图3-7 水洗纸材料

毒无害、可循环使用、可降解、可回收再利用等优点，可以广泛用于衣物标签、环保购物袋等，让包装与产品"共生"（图3-7）。

塑料材料

自2021年开始，国家发改委和生态环境部发布了《关于进一步加强塑料污染治理的意见》，要求全社会禁止使用不可降解的塑料包装袋、一次性塑料等，降低不可降解塑料胶带的使用量，2025年底，全国快递站点禁止使用不可降解包装袋等。塑料的环保性、可降解性成为改善生态环境的重要方面。

⊃ 可降解塑料

玉米塑料是目前运用较普遍的环保塑料之一，可以在使用后完全降解，不仅低碳还能解决玉米积压而产生的浪费问题。沃尔玛曾在2005年开始在美国的3779家门店使用玉米塑料为食品包装，虽然玉米塑料造价比化工塑料高，但是这一举措一方面可以让消费者重塑对塑料食品包装的信任，另一方面可以树立绿色健康、低碳环保的企业形象，是很有远见的市场竞争举措。

工业设计工作室PriestmanGoode研发出由咖啡渣和木质素黏合剂混合制成的塑料材料（图3-8）。工作室希望这种塑料可以广泛运用于航空餐包装领域，因为工作室发现每次长途飞行中每人平均生产500克一次性塑料垃圾，那么每年全球客舱垃圾将高达570万吨。这款航空餐盒可以将废弃物盖在餐

图3-8　航空餐塑料可降解包装（设计：PriestmanGoode）材料：咖啡渣

盒内，方便进行堆肥处理，旅行瓶可以放置在座椅前方口袋内循环使用，在为旅客提供服务和旅行体验的同时，降低环保的成本。

⊃ 轻质塑料

可口可乐公司制作的"冰露"矿泉水瓶，在材料和工艺上都进行了深入的低碳创新研发，在不影响包装功能的前提下，对整体材料做轻量化处理以达到在原材料和产品运输上减少碳排放的目的。瓶盖采用了窄口设计，直径和高度变小，让瓶盖聚乙烯用料减少50%。瓶身采用了加强筋设计，保证0.1mm的瓶壁承重不轻易变形。用减薄加纹路的方式实现抗压。新瓶重9.8克，比上一代减轻35%，相应地减少35%的碳排放。在回收上，新瓶在饮用后轻松扭转瓶身可节省70%以上回收空间。

自然材料

⊃ 竹材料

竹子是一种优质的材料，在经过特殊处理加工后，用作家居用品坚固、耐用、环保、材质轻巧；如用作包装材料也可长久保存，不变形、不变质。竹制包装也可以多次重复利用，延长包装的使用生命周期，即使丢弃也可在短时间内降解。而中空的竹节可以直接用来做包装盒，竹藤可以编织，竹叶可以包裹，纹理优美淡雅，香味清新，灵巧轻便又独具匠心，古往今来深受喜爱（图3-9）。

图3-9　日本水羊羹包装（设计：myrecommend）材料：竹

➲ 有机作物

以有机作物为原材料可以保证无毒无害，且对环境不会造成污染，生长快速的植物、农作物副产品，如蔗渣、香蕉皮等植物纤维、茎秆都可成为不可降解材料的替代品。腾讯2021年中秋月饼礼盒采用甘蔗渣为原材料，在低碳材料与工艺上做出了新突破（图3-10）。据腾讯估算，每一年他们都会订购25万份中秋月饼，而甘蔗渣做的环保月饼盒可以节约757棵树，相当于一片小森林。月饼吃完后，这个礼盒还可以用来栽培植物、收纳玩具，即使丢弃到自然界，也能在6个月内完全降解。整个过程采用纯天然材料（甘蔗渣），不含油墨、塑料，过程也不产生废水，裁掉的毛边会变成超市的鸡蛋托。除了类似棕榈、洋麻等"废料"可以当作包装纸，有机材料还通过模塑

图3-10　月饼包装（设计：腾讯公司）材料：甘蔗渣

技术定型，使其具有包装的性能，不但减少资源消耗、环境污染，还可降低成本。模塑包装技术是将原料在特制的模具上经真空吸附成型，后经干燥冷却而成的包装制品。制作流程多为物理过程，对环境污染小，模塑制品使用后可回收再造纸或新模塑包装，也可通过自然堆肥降解。目前模塑包装被广泛运用于食品包装、医用器具包装、电器数码内衬包装、陶瓷易碎品包装等。

在时尚行业，彩妆和护肤品一直存在过度包装现象，随着电商行业的发展，大量的美妆通过快递送达消费者手中，因为护肤品成分原因，多采用玻璃瓶装制，在运输途中需要填充大量的保护性材料做缓冲，蘑菇的菌丝混合物成为很多美妆品牌青睐的材料。这种菌丝混合物具有耐高温、绝缘、耐用的优点，并且可以很快在大自然中完成生物降解，消费者甚至可以直接将其放置在花坛里或树旁边堆肥降解（图3-11）。

由波兰设计师设计的鸡蛋盒包装，用干草制作鸡蛋包装，干草原材料廉价易得，通过加热、压制的方法成型，不仅起到了保护缓冲的作用，再附上一个颜色绚丽的标签，给产品增添了一些野趣，在体现了低碳环保、可持续的理念的同时，让消费者仅凭干草盒就感受到鸡蛋的原生态（图3-12）。

图3-11　护肤品包装
（设计：mushroompackaging）
材料：菌丝混合物

图3-12　鸡蛋包装
（设计：Happy Eggs）
材料：干草

玻璃材料

玻璃材料多用于瓶装牛奶、葡萄酒、果汁等。消费者的惯性思维会认为瓶子越重，体量越大，产品的质量越好，商家深知如此，比如波尔多酒会刻意挑选厚重的瓶身，以增加视觉和触觉上的分量感，但过重的瓶身往往会增加运输成本，重工制造也会增加生产过程中的碳排放。目前轻质玻璃可以作为普通玻璃的环保替代材料。所谓轻质玻璃是指轻量化玻璃包装工艺，在满足包装需求的前提下，在配料、熔制、成型等道道工序中控制玻璃瓶的容重比，保证生产出的玻璃材料既可以满足包装的强度需求，又可以满足绿色低碳，同时降低产品运输的成本与碳排放。

复合材料

目前市场上常见的复合材料有纸塑铝、纸铝箔等，由纸张、塑料、铝箔等材料复合而成，有很好的密封性，有抗菌抑菌的作用。市面上普遍的软包装复合材料多用热塑性塑料薄膜，使纸张与铝箔复合在一起成为多层复合纸，综合了铝箔的阻隔性和纸张的耐折、抗冲击性。在回收上，如果是传统黏合方式很难将材料分离，所以在美国只有16%的饮料盒被回收，欧盟也只有49%。如果采用特殊的树脂材料，可以高温分解，使铝箔与纸分离，因而大大提高了材料回收再生性，减少了材料的浪费，是理想的低碳材料。或者像设计师Eric Smith设计的Bruk饮料盒一样，在设计之初就将材料分离，外包装是纸板，内包装是HDPE塑料软包装，使用后可以沿着易撕线撕成两半，将内外包装轻松分离，过程有趣，也实现了100%回收（图3-13）。

图3-13 Bruk饮料盒包装
（设计：Eric Smith）
材料：纸塑

智能材料

⊃ 水溶性材料

水溶性材料近年来也在各领域不断发展和改良，目前水溶性材料形式众多，可以在日化用品、农用物资等领域广泛运用。例如PVA水溶性薄膜，可以依附在植物种子上，在下雨天有水浸入土壤时，薄膜自然溶解，种子可以生长发芽。此外，还可以用于肥料和农药等，使其成为包装的一部分，一方面可以提高播种的效率和精度，一方面节约人力、物力成本，从而减少生产活动的碳排放。

图3-14　橄榄油包装标签
（设计：smartsolve）材料：水溶性材料

水溶性材料还可以很好地解决回收问题，如smartsolve公司将水溶性材料与玻璃瓶结合，很好地解决了玻璃瓶回收时残留标签难以去除、彻底清洗的难题，减少了对环境的污染，大大提升了回收效率（图3-14）。

⊃ 热敏材料

北京大学研发了一款可指示变质产品的"智能热敏变色标签"，随着包装温度的上升或下降而发生颜色改变，红色表示新鲜，黄色表示品质下降，绿色表示已经变质。一方面帮助消费者选择新鲜的食品，另一方面可以提醒商家及时打折促销或更换产品，以免造成浪费（图3-15）。

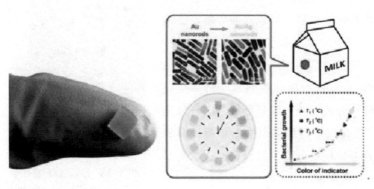

图3-15　热敏标签

第三节 生产环节策略

包装的生产过程会涉及印刷工艺、材料加工工艺、机器生产、人工操作等各个程序，一定程度上会导致VOCs的排放以及非必要的人力物力消耗，是碳排放及污染的源头之一，因此控制生产各个环节的碳排放及能源消耗成为推动包装生产环节向绿色低碳靠拢的重要手段，是包装创新设计所要思考的重要部分之一。本部分基于对生产环节所提出的思考寻找改进方式，旨在贯彻绿色低碳理念。

减少传统油墨

油墨无论在纸质包装、金属包装或其他材料的印刷生产环节都被广泛应用，一直是VOCs产生的重要来源之一，对油墨印刷进行控制成为实现低碳环保的重点领域，减少或替换传统油墨印刷工艺必不可少。

⊃ 采用新型环保油墨

为降低碳排放，减少VOCs排放对大气的污染，传统油墨已不能满足日益加强的生态环境保护要求，新型绿色环保油墨如水性油墨、植物性油墨、UV油墨等的推广日益被重视，例如UV油墨印刷，其组成包括感光树脂、活性稀释剂、光引发剂及助剂等，不含挥发有机溶剂，在减少VOCs排放的同时，更易干燥，生产效率高于传统油墨印刷且低碳环保。

⊃ 采用环保印刷工艺

受到低碳环保政策以及理念的影响，传统高排放包装产业受到冲击，为增强日渐普及的低碳意识，有必要将新型环保印刷设备及工艺应用在产品的包装设计上。如图3-16对特种纸张采用压凹、击凸等不涉及油墨的工艺进行包装设计。"有间茶铺"的设计通过对纸张切割配合凹凸工艺，有效传递产品信息的同时为包装增添了立体感，不仅减少了油墨带来的污染，体现低碳环保理念，并且对消费者来说更具吸引力。除了纸质包装类产品，凹凸工艺同样可运用于塑料、金属等材料的包装中，在简化生产步骤的同时，在不

图3-16 茶包装（设计：有间茶铺）

图3-17 C2 Drinking Water No Label（设计：Prompt Design）

同材质上可体现出不同的视觉及触觉体验，丰富了包装的内涵与实用性。如图3-17的矿泉水瓶设计，其将产品信息及设计图案压印在矿泉水瓶上，减少包装材料和VOCs排放的同时令人耳目一新，向包装环保迈出了重要的一步。

◯ 利用新型技术手段

通过光学纹理对传统包装进行创新设计，达到镭射效果，用激光刻写、全息技术、电子束等加工方式，使光产生不同程度的折射、衍射等光显色现象，达到传递产品信息的目的（图3-18）。在生产过程中不涉及油墨染料以及有机化学溶剂等物质，减少了VOCs的排放。

图3-18 化妆品包装（设计：苏州印象）

简化生产工序

为减少生产中的人工与机械成本，包装生产工序及材料的简化是减少碳排放和资源浪费的重要途径之一。对于生产而言，减少机器生产及人工的步骤意味着提高单位包装生产效率，一定程度上降低出错率，降低成本。如图3-19所示，包装设计仅使用一张卡纸或瓦楞纸折叠而成，只需进行简单的裁切以及少量单色印刷，无其他的辅料生产步骤，无需涂胶，且可适应不同尺寸的产品。减少生产过程中的人工及机器工序，提高效率，节约成本。如图3-20的改良版七巧板刀具包装设计，不同于原包装采用裱灰板手工盒、植

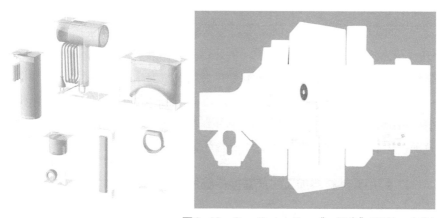

图3-19 One Paper Box "一纸盒"（设计：小米）

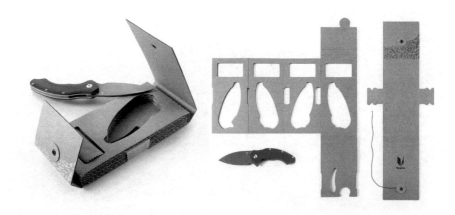

图3-20　Tangram tool packaging（设计：Shenzhen Green Song Design Consultant Co）

绒内衬、满版印刷等生产工序繁杂的设计，改良后的刀具包装采用模切组装式的设计方法，将瓦楞纸板通过模切后简单组装成型，外卡通用，多种刀具外卡可进行统一生产，内卡根据刀具尺寸改变内孔大小和形状，将内卡外卡灵活组装可适应不同刀具包装需求，采用了瓦楞纸盒型包装，工序及材料非常简单且实用环保。

优化生产工艺

● 采用新型环保包装生产工艺替换传统工艺

传统工艺如金属、塑料、玻璃等包装在生产加工过程中易排放大量污染气体及消耗大量能源，例如印刷烫金、金属喷涂、烘干等。现阶段，受政策及环境的影响，包装生产技术、设备在不断创新，新型环保生产技术如LED-UV固化技术、数字化驱动系统、快速烘干装置等，随着技术条件的成熟，使用新型环保加工生产工艺及材料替换传统包装模式，不仅使生产过程低碳环保，且减少了废弃包装对环境的污染。以芬兰Kiilto推出的用于纸张和包装的新型环保型工业胶黏剂为例，其环保性强，采用可再生原料代替传统黏合剂，在不降低质量的情况下利于包装产业的低碳环保。

● 利用天然材料加工生产替换传统生产

在更新原有加工工艺的同时，环保的天然材料也可结合传统工艺应用在

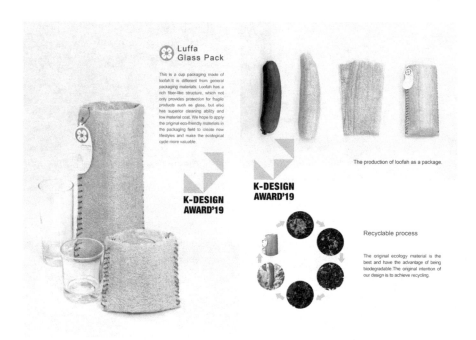

图3-21　丝瓜玻璃包装（设计：华南理工大学）

包装生产中，材料的节能环保减少了生产过程中的碳排放及污染，也减少了废弃包装对环境的污染，更为低碳环保。如图3-21这款将干枯丝瓜瓤作为材料的包装袋设计，其利用丝瓜络本身具有丰富纤维丝状结构的特性，不需额外的技术手段进行加工，从生产的角度来说用材环保，低耗能、低污染，不会产生有害气体。从处理的角度，包装可二次利用为洗碗布，被丢弃也易于降解，充分贴合绿色低碳理念。

采用通用包装

对于系列化产品采用通用模块化包装。产品包装由设计至生产成品需要多道工序且需一定成本，为减少不必要的个性化包装生产所带来的工序与消耗，通用包装的应用日渐广泛。如图3-22这款饮料包装设计，采用统一的基础玻璃罐造型，通过不干胶贴纸所印的信息区分产品，同时饮料颜色本身也巧妙地体现了产品口味，节省了制作时间的同时降低资源消耗，这种对于包装的模块化系统可以广泛运用于食品、生活用品、美妆用品等，是避免生产成本居高不下、材料浪费的有效途径之一。如图3-23这款咖啡的包装设计，

图3-22　Hakko Ginger饮品包装（设计：石塚雄一郎）

图3-23　Kokomo 咖啡包装（设计：kokomo office packaging）

　　除了必要信息，特有部分由邮票作为咖啡原产国的区分，一方面增加了产品特色、极具创意，另一方面降低了生产成本，在生产过程中达到节能减排的目的。

第四节　物流环节策略

电子商务作为新兴消费业态迅猛发展，2020年中国电商零售额已达11.76万亿元，占全国社会消费品零售额的24.9%，网络零售平台及店铺数量为1994.5万家。但同时电商行业碳排放的年均增长率高达21%（对比同期全国碳排放年均增长率为6%）。中国承诺实现从碳达峰到碳中和目标，这无疑对物流行业提出了更高的要求。本节基于前面总结的问题为现代物流包装的改进与创新提出解决方案。

改进物流快递包装结构

包装作为生产的终点、运输的起点，它在结构方面需要满足物流运输的要求。一般来讲，产品包装单元的结构要具有良好的抗冲击性和抗挤压性，以保证产品在运输中不破损。同时，产品包装单元的大小以及造型还要满足快递包装单元的要求，使其在运输过程中运输设备的容积得到充分利用。例如，将两个或两个以上的不规则造型进行组合，成为长方体或更稳定的方体结构，这样可以节省运输和仓储空间。如图3-24所示的产品包装在造型上采用了直角梯形，使得产品单元内空间得到了有效利用，两个直角梯形一组，即可拼合成为一个方体，在运输中既节省空间又具稳定性。与传统方体鞋盒相比，它通过使用更少的纸张和体积来达到可持续发展的目的，符合绿色低碳包装意义。

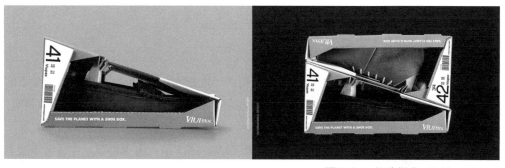

图3-24　概念鞋盒（设计：Viupax）

图3-25　国内市场珍珠棉蛋托、果托设计

常见的易碎和易挤压变形的食品——鸡蛋和水果，其包装设计要满足物流运输的高要求。如图3-25，其利用卫生环保的珍珠棉泡沫箱实现鸡蛋和水果的长途运输，替代了传统纸浆模塑蛋托，不仅改善了塑料包装造成的"白色污染"隐患，同时，珍珠棉高度契合新加工技术，合理的孔径尺寸结构加工方便且有效保护产品运输。

冷链生鲜食品作为人们生活饮食的食材之一，其市场规模飞跃发展主要依托于冷链物流的发展，它在带动冷链物流技术不断发展的同时，在包装方面也逐步向冷链物流生态化体系转型升级，优化生鲜从出货源、入冰库、销售以及运输过程中塑料用量过多、流通损耗、冷链物流包装的差异化不足等问题。例如，盒马生鲜作为以数字和技术驱动的新零售平台，拥有健全的供应链和配送优势，同时，依据冰存冷链运输产品的大小、质量、保存温度等相关数据进行定量包装，减少常规零售中分拆再包装的货物损耗和材料浪费，并建立自动化包装平台，发展精细化包装。依托数据库平台，当有订单时，平台自动选配不同尺寸、不同特点的最佳包装。除此之外，将纳米材料技术和智能技术结合，研发绿色保鲜防腐、环境友好的活化性智能新包装，也是实现包装绿色生态化发展的理想对策。

重视物流包装品牌设计

快递物流包装不仅仅是内装物的"庇护伞"，更是物流企业和电商品牌形象的"颜值"担当。当前市场上大部分是粗陋乏味的快递常规纸箱包装，但也有部分物流企业或电商开始关注快递纸箱包装设计，重视物流包装品牌VI设计，提高品牌辨识度和观众好感度，如京东、天猫超市、亚马逊等著名电商在快递包装表面印上自己的logo或进行简单的设计。国际快运DHL包装在视觉效果方面也达到了很好的平衡，如图3-26是2016年由佩德罗·丰塞卡·阿尔梅达设计师重新设计的DHL快递包装，黄色单色盒身与红色字体形成强烈对比，他用连接的箭头线替换了原来徽标中代表速度的三重笔画，点、线、面的合理搭配更好地增强了品牌辨识度。此外，TNT、UPS、德邦、顺丰等物流企业也通过对外包装的颜色、字体、印刷以及图形形式做出创新来达到设计美感，由此对用户的认知产生影响。

此外，无胶带纸箱设计也助力绿色快递发展。由一撕得公司设计的快递纸箱有效解决了快递包装的拆装问题，简洁的拉链式结构代替了传统"五花大绑"粘贴胶布的快递纸箱。一撕得主要采用自主研发的环保波浪双面胶从内部进行黏合，代替不可降解胶带，不仅保证了瓦楞纸箱的美观，而且可以节省封箱时间。用户想拆开包裹，直接撕去表面上的拉链式撕条即可，极大增强了消费者的交互体验愉悦感。目前这种一撕得包装被国内外许多物流企业使用，如图3-27所示。

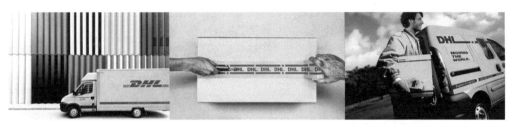

图3-26　快递包装（设计：DHL公司）

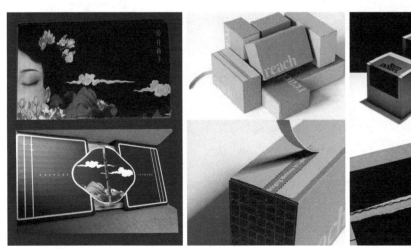

图3-27　从左往右依次为化妆品包装（设计：花西子）、系列包装（设计：卡蒂·福纳）、电商纸箱（设计：汤姆·迪克森）

优化物流包装单元系统

物流包装单元系统进一步对运输流程的各个包装的大小、形状进行约束，最大限度减少包装的不合理性，使单位包装最大规模化、集成化，提高空间利用和便捷运输，从而实现绿色物流系统的现代化。如图3-28所示，它从小到大包括产品包装单元、包装模数单元、托盘单元、货厢单元或集装箱单元。其中，产品包装单元主要是保护产品；包装模数单元一般体现为快递纸箱、周转箱；托盘单元是以托盘为载体的货物单元，托盘的特征是具有叉口，这是为了配合叉车实现机械化搬运和装卸；长距离、大规模运输，货物要放到集装箱、货厢里，形成以货车车厢和集装箱为包装单元的一个整体。把产品包装放在快递纸箱里，把快递纸箱堆码到托盘上，再把托盘放入货车车厢或者集装箱中，这就是物流运输流程从小到大，不同包装单元之间的组合。能否实现绿色物流的关键，取决于不同包装单元尺寸的设计。

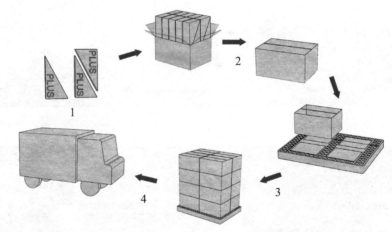

图3-28　物流包装单元系统
1—产品包装单元（Product Packaging Unit）；
2—包装模数单元（Packaging Module Unit）；
3—托盘单元（Pallet Unit）；
4—货厢单元或集装箱单元（Cargo-box Unit or Container Unit）

目前，我国在包装模数化生产方面仍较为滞后，主要体现为物流包装单元模数关联配合度低，即运输流程中上一单元尺寸不能合理适应下一单元尺寸。600mm×400mm的包装模数在我国的应用非常广泛，它配合

1200mm×800mm的托盘，可以完美地适应中国卡车车厢标准。但在全球化经贸背景下，全球托盘标准是不同的，包装模数若不能很好地匹配目的地的物流运输设备，则会增加出口或进口的时间和金钱成本，同时，这样的情况会增加货厢运输次数，造成高碳环境污染。因此，结合全球化背景优化物流包装单元系统是一道难题，亟待研究。

发展互联智慧物流技术

互联网时代为物流快递行业带来了可观的经济效益，大力发展智慧物流，利用特殊加密二维码取代传统物流面单上的个人信息，一方面可以减少印刷快递面单，油墨污染可降低，对应的油墨回收工作也减少；另一方面，可以有效防止个人信息泄露、诈骗案件频发、骚扰电话乱象等安全隐患。例如，智慧物流利用无线射频识别（RFID）标贴技术，只需安装身份证识别器，便可对收寄件人的身份信息进行记录，在几秒内便可自动完成数据读取，无需人工操作且提高了工作效率，还能够缩短商品运输的周期。智慧物流技术将成为发展绿色物流的"擎天之柱"。

第五节　仓储环节策略

基于仓储环节出、入库以及储存需要，包装结构及尺寸不合理导致的仓储环节的碳排放量随着商品交易方式的现代化而不断增加，例如保护结构考虑不足使产品易破损、过度包装增加入库搬运难度、组合包装不易分拣等。为减少仓储过程中的产品损耗及资源消耗、降低碳排放量、提升空间利用率等，推动仓储环节绿色低碳发展成为包装创新设计亟待思考的内容。

保护结构创新

○ 基于产品自身特性设计包装结构

包装最重要的作用是保护产品本身。为贯彻绿色低碳理念，在用料低碳环保的同时减少产品在仓储过程中的非必要损耗。例如为Daciano da Costa的

图3-29 pmdesign（设计：Daciano da Costa）

图3-30 鸡蛋包装（设计：Mireia Pamboli）

  Palace系列陶瓷设计的包装（图3-29），通过模块化设计以及组合使包装能适应产品尺寸，六边形的设计恰好贴合产品，使包装在仓储过程中有一定承重及抗压能力，优化了包装结构以及减少了材料浪费；包装形状易于堆叠，在较好保护产品本身的基础上大大节省了仓储空间。如图3-30这款鸡蛋盒包装，由可回收的纸板生产，不同于需要用泡沫保护的鸡蛋托或用材浪费的传统鸡蛋托，该设计利用纸板结构形成一定的保护空间，在用材环保节约的情况下对结构进行创新，达到在仓储中保护鸡蛋的目的的同时，传递绿色低碳的理念。

⊃ 通过环保缓冲材料保护产品

传统缓冲材料多采用塑料泡沫、充气塑料袋等难以降解、生产碳排放量高的材质，虽达到了保护产品的目的，但给环境及减排工作带来了很大压力，使用创新结构设计的填充材料对其进行替换不失为一种节能减排的方式。例如Ranpak发明的Geami蜂巢包装纸（图3-31），使用可自然降解的回收纸，将牛皮纸模切扩展成独特的3D蜂巢结构，利用其抗压、抗折的保护性，在有效达到轻量化、绿色化的同时，在仓储过程中保护产品。

图3-31　Geami（设计：Ranpak）

空间结构创新

产品仓储所需空间由产品外部尺寸决定。传统包装基于方便批量化生产的需求，存在部分产品由于包装中空占用仓储空间较大，造成空间浪费，包装材料浪费。对此创新包装设计可扩展包装功能，根据产品使用状态使包装在不同阶段呈现不同尺寸。例如这款薯片包装（图3-32），仓储时呈桶状，方便堆放、节省空间，使用时纸筒弹开，形成方便食用的状态，充分减少了传统充气式薯片包装仓储时对充气中空空间的浪费，使仓储空间得到节约。如图3-33的汉堡包装，采用环保纸板进行设计生产，造型规则便于仓储，在不增加仓储空间的情况下提高了用户体验。

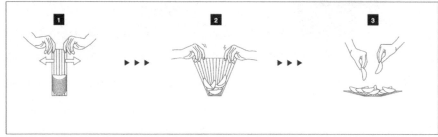

图3-32
薯片包装
（设计：
Bomho Lee）

图3-33
汉堡包装
（设计：
Amipak）

包装体量创新

　　包装重量及尺寸影响仓储过程中碳排放量。为减少过度包装及捆绑销售带来的人力搬运成本增加以及空间浪费，需从包装设计开始减轻包装重量及体积，展现产品本身特点，也就是对包装进行减量化设计，选用轻量化的包装材料并通过优化包装结构以减轻包装重量和减小包装所占用空间。如图3-34这款外卖包装由可快速生物降解的材料制成，不同于需在塑料包装盒外套有塑料袋、保温袋等难以堆叠的传统包装，其结合仓储包装与销售包装，采用了陶罐的形状并对碗底部进行特殊设计，使其可以完美地堆叠，便于仓储，避免在空间、销售中可能出现的空间及人力资源浪费。如图3-35的饮品包装，以轻便的瓦楞纸为载体，通过饮品自身重量固定，不需多余辅料增加包装重量及空间，且相比于传统塑料收缩膜包装工艺，纸板材质更为环保；把手可折叠放平，几乎不占用额外仓储空间，提高仓储效率，降低成本。

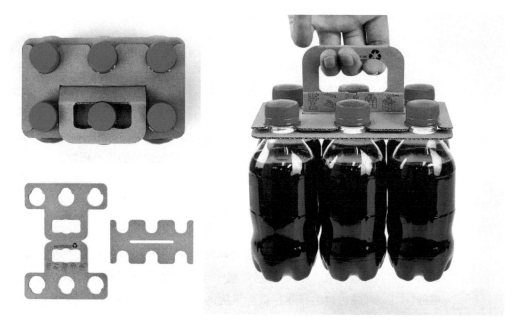

图3-34　Claypot Packing Bowl（设计：Guangdong Qianyue Culture）

图3-35　Packaging structure of bottled beverages
（设计：Dongguan Donnelley Printing Co.，Ltd.）

第六节　销售环节的策略

在现代销售方式下，所有的生产商及企业为了生存、发展不得不重视商业利益，由此对生态环境造成的污染和非低碳现象在前面已有讲述。而真正提高经济效益必须要在兼顾环境效益的同时注重产品销售包装，在包装中嵌入绿色工厂达标指示、融入虚拟数字技术、嵌入低碳环保识别信息等，不仅增加了销售包装附加值，还使其成为绿色低碳理念传播的优秀载体。

包装设计低碳化

目前，"碳中和"浪潮正席卷全球，中国提出2030年实现"碳达峰"、2060年达到"碳中和"目标，这对整个工业和能源发展变革既是机遇又是挑战。工业领域内包装行业是重头，从包装整个生命周期介入研究，指导工厂、企业实现污染排放及环境影响最小，从而实现经济与环境的可持续发展是必由之路。产品包装的生命周期评价贯穿全流程，使用LCA评估包装产品各个生产环节中产生的环境污染问题，调整生产材料和工艺，进而创建绿色工厂企业。绿色工厂的先行示范单位要遵照相应指标要求达标建设，将达标的绿色工厂嵌入到销售包装上，引导消费者的市场购买行为，从而推动整个包装行业朝着绿色生态转型升级。

包装低碳数字化

5G时代下产品销售模式与货架展示形式都发生了质的变化，与之对应的包装形式也将得到变革发展，利用新技术尤其是VR、AR、MR等智能虚拟技术以增加产品包装技术附加值，实现人机交互创新，能够为消费者带来全新的购买沉浸式体验和感官享受。未来发展销售包装和虚拟数字包装一体化具有良好态势，一方面销售包装仍然具备基本的产品信息，当产品信息过量时，销售包装的油墨印刷展示的局限性就越发凸显，此时，虚拟包装可将其余信息纳入。如图3-36所示，消费者通过虚拟设备扫描销售包装得到更多的产品信息，可以查询到商品的价格、尺寸、原产地、保质期、防伪追溯等信息，并利用手势或语音等形式来增强与包装的互动。这样的智能包装既能减少原有销售包装的印刷浪费，尽可能从销售环节减少包装对环境产生的污染，还能弥补产品重要信息展示不足和人机互动性弱的缺陷。

图3-36　虚拟数字包装设计

低碳信息可视化

销售包装中的产品信息可视化是指在包装上将产品特色、使用方法、生产日期、主要成分、存储方式和相关禁忌等产品信息和概念，以图文的形式视觉化地呈现出来。这些信息是消费者用来完成购买辨识、决策行为的基础。产品包装信息是为了降低和消除人们对信息的疑虑，而不能成为不良商家谋取商业利益的手段。在产品包装上标注产品成分含量，是否有有害材料、有毒物质；产品使用是否对环境产生污染；是否可回收、怎样回收等，都应清晰准确地呈现给消费者，不得向消费者传递虚假产品信息。如图3-37所示，将浙江临安天目水果笋碳标签粘贴在包装上，告知消费者该产品的碳足迹含量以及使用后的碳减排含量，引导消费者增强低碳意识。

图3-37　临安天目水果笋碳标签（设计：浙江农林大学木言工作室）

第七节　使用环节策略

在使用过程中，消费者更加注重包装的实用性、保护性，而并非包装的美观性，随着绿色低碳观念的普及，设计师们应该将包装设计的侧重点逐渐放在实用性上。

优化包装结构

包装结构不合理导致包装在实际使用过程中出现各种各样的问题，比如包装磨损、产品消耗等，设计师可以通过以下几种途径实现包装结构的优化。第一，改造外包装结构，使产品在运输过程中更为便利。如图3-38中的纸箱，仅仅只是在两侧加了两个抓手，就实现了纸箱携带的便利性，比起之前的拖拽更加省力，有效避免了纸箱与地面的摩擦。第二，优化缓冲物结构，外包装与产品中间的缓冲物起到保护产品、减少产品振动的作用，如果缓冲物的结构不合理，包装所起到的保护功能效果就会下降。灯泡作为易碎产品，它的内包装及缓冲结构就非常值得借鉴，如图3-39中灯泡的缓冲物，选用可回收的瓦楞纸作为原材料，独特的镶嵌式能有效减少外界的冲击，保护灯泡的安全。第三，减量化包装。包装减量首先是包装结构的减量，减少不必要的包装层数，摒弃里三层外三层的包装，缩小包装的体积，去除包装内部冗余空间；其次是包装材料的减量，选用环保材料，使用完后可以回收以提高资源利用率。尽量用轻薄且强度高的材料，薄壁化结构也是包装减量的重要途径。薄壁化指在保证包装强度要求的情况下，降低包装材料的厚度，以减少它的使用量。

图3-38 快递纸箱设计

图3-39 灯泡包装（设计：PHILIPS公司）

优化开启方式

➲ 开启装置可视化

包装开启方式的设计是包装设计的重要组成部分，产品包装的开启部位是工厂制造的最后一个环节，但却是消费者接触产品的第一个部位，因此开启部位的设计十分重要。产品的种类繁多、形态各异，所以开启口的位置也必定不可能统一，因此要慎重考虑消费者的需求，做好开启口的导向设计、开启装置的可视化。设计师在设计包装时应在表层注有明显的提示信息，通过不同的形态、图形、文字或颜色清楚地告诉消费者，这个产品该如何打开，引导消费者在短时间内解决如何正确开启和使用产品包装的问题。图形符号要简洁而醒目地来表达准确的含义，并能跨越国界，无需言语解释就能迅速被消费者识别。

➲ 开启装置通用化

开启装置的设计要适应各种群体的行为习惯，设计师应该不断完善包装的开启设计，使未来的包装设计倾向于简易化，确保信息传达的有效性，尽可能减少操作的复杂性，推广无障碍设计的原则。无论什么年龄段、什么类型的群体都可以轻松方便地开启包装，对于有缺陷的群体，可以加入感觉、触觉、听觉等辅助性的元素，使他们感受到商家的关怀。比如盲人，我们可以加强触觉的感知，利用盲文的凹凸特点将产品信息及开启方式通过盲人的触摸方式进行传递，如图3-40是获得了2021 Pentawards包装设计大赛金奖的冷萃咖啡包装，由西班牙的Supper工作室设计，盲文的使用是这个包装的特色；图3-41是深圳市霖和包装制品有限公司设计的盲文标签。还有许多药品的包装都加印了凹凸版的盲文，帮助盲人或者视觉障碍群体识别服用方法和剂量。盲文包装及标签的发展与应用，证明了无障碍设计及开启装置的通用化是完全可行的，无障碍设计及通用化设计要去除大量不必要的复杂的包装开启设置及包装上的无效信息，这也符合我们绿色低碳发展的理念。

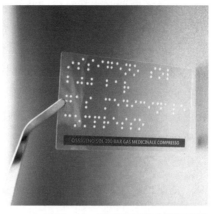

图3-40　冷萃咖啡包装
（设计：西班牙的Supper工作室）

图3-41　药品包装盲文指示设计
（设计：深圳市霖和包装制品有限公司）

第八节　回收环节策略

随着包装产业的蓬勃发展，包装废弃物也日益增多，这些包装废弃物给我们的环境带来了恶劣的影响，如何回收与利用这些包装废弃物，世界各国早已经开始了相关研究，我国虽然起步较晚，但也有了很大的进步。

提升回收意识

人们在运用包装的同时，也产生了大量的包装废弃物，处理和利用这些包装废弃物，是我们的当务之急。随着生活水平的不断提升，我国居民的环保意识、回收意识已经有了很大的进步，尤其是一二线城镇居民，垃圾分类回收已经广泛普及，但还有相当一部分居民的回收意识停滞不前，因此，提升全民回收意识是促进包装废弃物回收的第一步。

提升全民回收意识，政府、企业、学校等相关部门应多方合作，联合行动。政府首先应加大环保低碳的宣传力度，给居民普及包装废弃物回收的相关知识，使全国的居民了解包装废弃物回收的意义，动员全社会的民众参与包装废弃物的回收工作，参与包装废弃物回收体系的建设；其次，增加相关项目的科研经费，大力培养相关人才。传统的回收体系效率低、成本高，已经不能适应当下的废弃物回收，只有不断促进循环，利用科学技术的发展，生产利民惠民的产品，使我们的居民切实感受到低碳生活的幸福感，大家才会自觉参与到建设完善的回收体系、建设绿水青山的事业中来。另外，政府还应该制定相应的政策支持民众的回收行动，如民众自发组织的回收平台，政府可以给予一定的资金支持以及政策的鼓励，使包装废弃物回收真正在群众中普及开来。

企业也要行动起来。首先，企业本身的环保意识有待加强，许多企业即使意识到了包装废弃物对环境造成了很大的危害，但为了保证自己的利益，经常对此视而不见。主要还是由于目前绿色包装及回收成本较高，企业当务之急是发展循环利用技术，加大对新型环保包装材料的开发投入。企业在产品包装上也应该加大包装废弃物回收的宣传力度，给消费者带来足够的绿色信息引导，设计通用的回收标识，如产品包装的图案、文字、材料及样式等，消费者耳濡目染，回收意识自然就会得到提升。例如天津嘉鹤广告有限公司设计的生态米包装袋（图3-42），选取的材料是环保的布料，图案颜色单一却能体现生态环保的低碳理念。还有黔之礼赞系列有机大米的包装（图3-43），纸张运用的是当地人家的手工造纸，印刷用的染料也是植物染料，图案以视觉符号的形式展现大米的生长环境。

图3-42　生态米包装袋设计
（设计：天津嘉鹤广告有限公司）

图3-43　黔之礼赞系列大米包装设计
（设计：Pesign）

学生是国家的未来，包装废弃物回收体系的建设以及低碳理念的宣传都离不开学生的参与，在学校普及包装废弃物回收的知识是十分有必要的。垃圾分类回收已经十分普遍，但是还有很多人摸不着头脑，所以我们要防患未然，在学校举办包装回收利用知识竞赛、包装二次利用的讲座，开展主题系列科普教育活动。

完善回收体系

➲ 包装废弃物回收平台的建立

建立一个完善的回收平台是提升回收效率、降低回收成本的重中之重，通过回收平台，把消费者、商家、回收点串联成一个整体。一个完善的回收平台应包括两种回收方式：上门回收和定点回收。两种方式结合，可以极大提升包装废弃物回收覆盖率。

回收平台的优势：

建立包装废弃物回收积分制度，积分可以兑换礼品。以积攒积分的形式增强消费者回收包装废弃物的意识。

平台与商家进行合作，通过回收平台设置回收奖励，引进商家的产品作为奖励供消费者选择，既能提升消费者的回收意识，又能宣传商家的产品。

通过平台，将回收站点系统化，根据社区学校的分布情况及人口密集度，合理布置回收站点、回收箱等的位置、面积。

通过平台设立统一的回收标准，明确包装废弃物回收的级别。

通过平台，结合线上线下回收。线上建立APP，采用实名注册方式，线上积攒的积分线下去平台兑换奖品或者快递寄到家里。

➲ 包装废弃物分级回收

为了更好地回收包装废弃物，节约回收成本，将包装废弃物根据受损程度进行分级，分成三级，根据不同级别的破损程度进行不同的处理。一级是较为完整的包装，即破损程度较小的包装（如能够重复利用的纸盒包装、蜜罐等），通过给它们进行消毒清洁处理，就可以直接二次利用。二级是受损较大的包装材料及一次性塑料包装，将其通过快递物流运回工厂二次加工，形成逆向回收物流链。目前由于运费成本问题，实施起来还具有一定难度。三级是完全破损的包装，将其分为由可循环包装材料制成和不可循环包装材料制成的，采取不同的方法进行处理，前者重新加工使其成为可使用的包装继续为消费者服务，或者加工为可重复利用的资源，后者直接当作废弃物处理，以免对环境造成破坏。

⊃ 包装废弃物分类回收

用于制作包装的材料主要包括纸、塑料、金属等，因为不同材料回收加工的工序是不同的，将其根据材料进行分类回收有利于提升包装废弃物的回收效率。

废弃包装纸主要用于生产纸浆制品，回收处理工艺大致为：废纸的初步清理与分类筛选、碎解、脱墨、清洗与分离。其中，废纸的脱墨是废纸纸浆重新再生的关键环节。带有经过印刷各种颜色的图案或者各种痕迹的废弃纸包装，必须要把这些痕迹、颜色彻底清理干净，否则造出的纸浆是无法使用的。此外，还有设计师用废弃包装纸做原材料，制作农用育苗盒，它的废纸纤维还可以自然降解，改善土壤母质，不会有任何副作用。近年来，国外还出现了用废旧纸板制作的家具，这种家具重量轻，组装拆卸方便，制作容易且造价低，易于回收。如图3-44 Olivier LEBLOIS设计的纸板桌，由一张预先折叠好的纸板组成，形成腿、三角梁和顶部，结构非常坚固，可承受高达80kg的负载。

图3-44　纸板桌（设计：Olivier LEBLOIS）

图3-45　海军椅系列产品（设计：Emeco公司）

塑料包装废弃物的处理方法一般分为三种：填埋、焚烧及回收利用。填埋虽然方法简单、成本低，但是填埋后的土壤会受到不同程度的污染，焚烧会产生大量有害气体，这两种都不值得提倡。在国家提出固体废弃物向减量化、资源化、无害化处理的政策下，包装废弃物的回收利用不仅可行，还能促进包装工业的发展。如图3-45由Emeco公司推出的111-海军椅系列产品，其设计的椅子全部由回收的可乐瓶制成，先把可乐瓶粉碎变成原材料PET，然后再利用再生的材料制作一把坚固耐用的椅子，使可乐瓶获得重生。

⊃ 完善物流回收流程

完善包装废弃物回收体系必须要注重物流链的建设，我国物流企业此前只关注物流的发出，即关注快递的包装、运输，而近几年慢慢开始对快递的回收、再利用进行探索。2021年10月，在北京全球智慧物流峰会（GSSC）上，峰会发布"青流计划"新五年绿色低碳倡议，京东物流宣布将继续投入10亿元用于加码绿色低碳的一体化供应链建设，未来5年，旨在从物流全流程减少碳排放和快递污染，更注重物流回收环节，实现碳效率提升35%。在物流回收方面，合理兼顾终端回收和中程回收。由伊夫•贝哈尔领导的fuseproject设计公司历时2个月为Puma企业的运动产品设计了一整套运输包装。该包装采用一块扁平纸板代替传统鞋盒，使用时只需简单四面叠合，便能在运输时起到保护和承重作用。方形的叠合纸板可使运输设备容积利用率

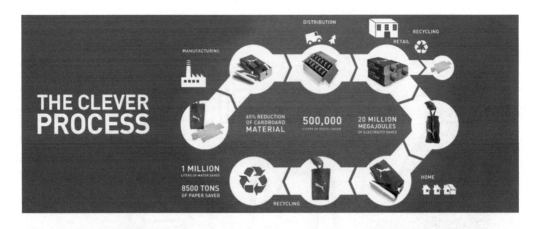

图3-46 Puma运动鞋包装设计（设计：fuseproject设计公司）

最大化，增强运输稳固性。产品包装外部搭配热缝制的纺织布袋，它替代了塑料袋，保护鞋子在运输过程中免受灰尘和污垢的侵害。此设计最新颖的地方在于考虑中程回收，即当产品运输到销售仓库时，纸板发挥完自身作用后便折返回收，最终消费者提取纺织布袋里的鞋子，纺织布袋还能重复使用，在其生命周期结束时完全可回收（图3-46）。

⊃ 完善法律法规

我国包装现行的相关法律涉及面比较广，几乎渗透到各行各业，但是也存在着一些问题需要完善、健全。目前主要是两个问题：其一责任主体及责任内容不明确；其二没有明确的强制性标准。通过阅读借鉴国外相关的法律法规，结合我国国情，要想完善包装废弃物回收的相关法律法规，首先要明确承担法律责任的主体，加强责任主体的责任义务感。无论是惩处或奖励，将责任主体具体化，都有利于法律法规的实际实施；其次是建立严格的绿色包装评价标准以及公平公正的评价体系。寻找包装行业内顶尖人才，以绿色低碳为导向，具体细化包装的材料、大小、占比等，严格要求包装生产企业在包装生产全流程中符合绿色低碳的理念；健全包装回收的激励制度也相当重要，环保包装材料的应用，势必会提高包装的成本，在与非环保包装竞争时，价格并不占据优势，因此这需要政府出台相关的政策、激励制度来支持企业，推进包装的绿色化发展。

下 篇

设计案例篇

第四章

绿色包装
创意设计
赏析

　　基于可持续发展的战略思想，包装设计的环节包含了从设计、材料、生产、物流、仓储、销售、使用到最终回收的全流程。面对新的时代需求，包装设计需要有前面所提及的新的设计策略与方法，不仅要考虑满足功能的需要、视觉审美效果和市场购买力，还需要考虑绿色低碳的因素。

　　鉴于此，作者近些年致力于指导学生设计出具有创新性的绿色低碳包装，并参加了中国包装创意设计大赛。从2017年至今，指导学生荣获了一等奖、二等奖、三等奖等多种奖项，笔者也连续五年荣获指导教师优秀奖（图4-1）。中国包装创意设计大赛立足全国，面向世界设计爱好者和广大师生，是中国包装界权威赛事，亦是当前中国包装行业、包装教育、艺术设计教育界备受关注的专业竞赛活动。

　　本章选取了学生优秀的获奖作品，分为农特产品包装创新设计、日用文创产品包装创新设计、品牌创意包装创新设计三大类，从创新和绿色低碳两个方向进行综合评价，让读者清晰了解符合绿色发展理念的包装作品所需要的设计呈现。

图4-1 《指导教师优秀奖》获奖证书（作者：王丽）

第一节　农特产品包装创新设计

作品名称　　　　　诸暨索面礼盒系列包装设计

　　暨面礼是"十亩之间"文旅品牌下的索面礼盒系列。以"礼面"为产品定位，针对索面赠礼不同的场合属性，暨面礼分长寿面、喜面、诞面、太平面四个主题。在设计礼盒包装时，最大限度地保留了诸暨手工索面晾晒过程的形式语义，并同功能需求结合起来，呈现给用户视觉、味觉、文化体验上的三重享受。

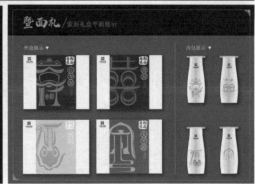

2021中国包装创意设计大赛二等奖

作者：张雨涵、莫惠雯/指导老师：王丽

作品名称　　　　　　# 百草味瓜子系列包装设计

　　瓜子包装采用了一只喜爱嗑瓜子的小鸟的形象作为包装的最大图形元素。小鸟无时无刻不抱着一颗大瓜子，无论是在土地上、在绿色的茶园里、在海边甚至是在牛奶中，都抱着心爱的瓜子不放手，可见它对瓜子的喜爱。此外，在打开包装后，我们还可以从它嘴里倒出不少的瓜子。当需要保存瓜子时，这款包装可以通过内部结构设计实现瓜子的密封保存。

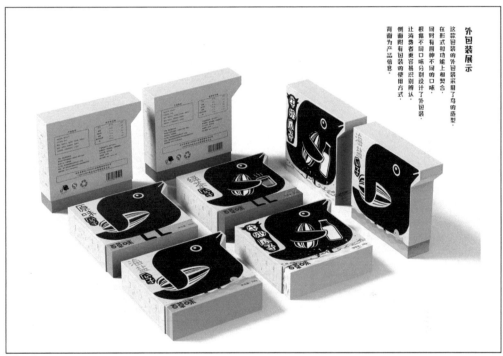

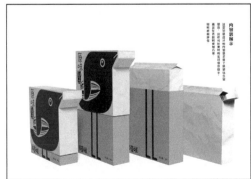

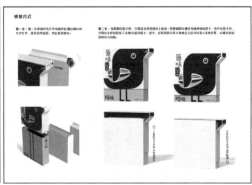

2020中国包装创意设计大赛二等奖

作者：崔恒湛/指导老师：王丽

作品名称 ### 温州索面包装设计

　　面子礼是"瓯越食"品牌下的索面系列，该产品包装设计将"人情"作为温州索面的情感寄托，以"宴客礼"作为其产品定位，彰显温州人以礼会人的传统精神。面子礼分为"喜面""寿面""周岁面"三款，分别用于婚嫁、祝寿、孩子周岁礼的场合，侧面印有"碗里碗外，遍是人情"的产品口号，更利于品牌文化推广。

2020中国包装创意设计大赛二等奖

作者：吴子归 叶雯丽 罗燕珍/指导老师：王丽

作品名称　　　　　太谷饼包装设计

　　太谷饼是山西的传统糕点，有着深厚的历史底蕴。此包装结合山西著名景点——平遥古城的古建，以开启古院大门为结构特点，营造出一种历史古韵的浓厚气氛。平遥古城是人们对山西印象最深的景点之一。整座古城原汁原味地勾勒出明清时期市井繁华的风貌，和悠久美味的太谷饼一同带给人们独特的文化韵味。四种口味的包装图案代表平遥古城的四个古建，享受美味的同时带给人们不一样的文化体验。

2020中国包装创意设计大赛三等奖

作者：王静怡/指导老师：王丽

作品名称　　　　　　　　**明湖藕时包装设计**

　　为了让人们在快节奏生活中有更好的味蕾体验，这款设计在传统藕粉食用方式上增添了一种新的操作形式，提出新的藕粉食用方式——折叠式便携自热藕粉。"明湖藕时"包装设计提取了西湖十景之一"三潭映月"的几何造型和断桥的轮廓形态，将"玻璃藕"与"时间沙漏"相结合，构成主识别元素，寓意快节奏生活与新型藕粉食用方式理念的融合。"明湖藕时"能让人们随时随地做到藕粉冲泡的"零失败"，"美味"与"快生活节奏"并存。

2020中国包装创意设计大赛三等奖
作者：王静怡/指导老师：王丽

作品名称   # 哈尼梯田红米

　　梯田红米采用礼盒式设计，盒子具有很独特的提绳，可一物多用。由于提拉式的打开方式，给人神秘且珍贵的感觉。一盒中有四个真空包装米块整齐排列，打开后能够给人直观的视觉体验。包装重点展示了哈尼的地方景色，仙气十足，灵地产灵米。在材料的选择上符合绿色低碳理念，用材简单且用量较少。

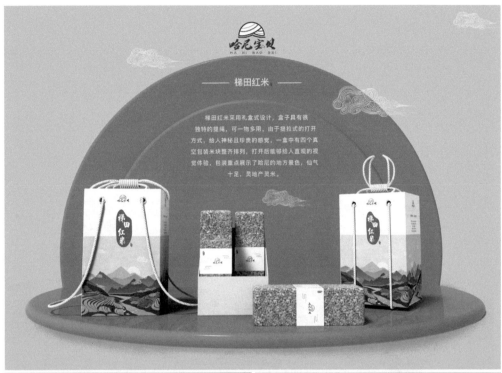

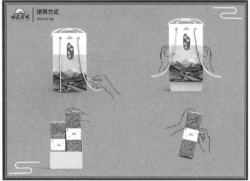

2020中国包装创意设计大赛三等奖

作者：谭世忠/指导老师：王丽

作品名称　　　　　　　# Tong!——鸡蛋创意包装

　　该作品为鸡蛋包装设计，以Tong!命名，模拟鸡蛋掉落的声音，与包装结构相呼应，增强吸引力。漫画作为主要风格，包装上绘有下蛋的母鸡，当抽出鸡蛋时就像包装上的母鸡下蛋一样，增强交互乐趣。

该包装设计以Tong!命名，模拟鸡蛋掉落的声音
与包装结构相呼应，增强吸引力

2020中国包装创意设计大赛三等奖
作者：吴子归、叶雯丽/指导老师：王丽

作品名称　　　　**欢喜米**

　　五常欢喜岭稻花香米，设计以米粒原型为出发点，生动形象且具有较高产品辨识度，努力打造优质大米产品。

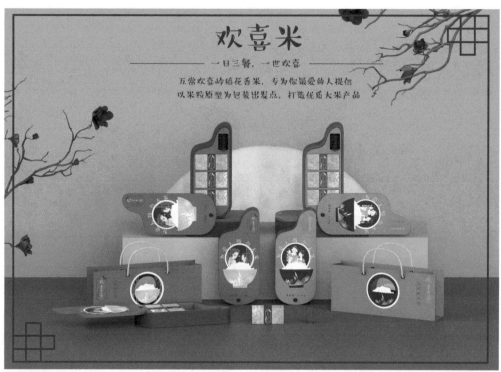

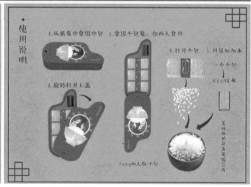

2020中国包装创意设计大赛三等奖
作者：张菁菁、林婷雯/指导老师：王丽

作品名称　　　　　**处州食记**

　　丽水古称为处州，因此将品牌命名为"处州食记"，用心记录每一种处州味道。该组设计以丽水白莲子为包装对象，莲子四季都宜食，春做糕，夏泡茶，秋炖汤，冬煮粥。该包装以四季动物的剪纸造型为包装图案，同时融入莲子的纹理和造型；以礼盒的形式，陪人们一"莲"四季。

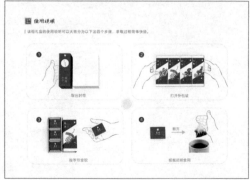

2020中国包装创意设计大赛三等奖
作者：叶雯丽、吴子归、徐秀平/指导老师：王丽

作品名称　　　　**花秋实梨膏**

外包装采用五边形设计，对应内部的五种口味，不同口味各含三包，分装在内部三角形盒中。取出小袋时轻拉提手，三角形盒被带出，往四周散开，形似开花，颇具趣味。内部结构从上至下依次为：织物提手、上盖、支撑杆、底座。五个三棱柱内盒单边粘在底座上，支撑杆提拉底座带动内盒上升，靠重力向外扩散，达到开花效果。同时内盒内侧标明口味，视觉效果清新自然。

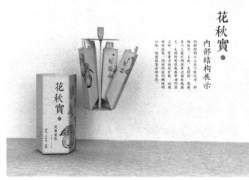

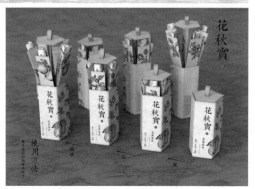

2019中国包装创意设计大赛一等奖

作者：董威、付世杰/指导老师：王丽

作品名称　　　　　菊尚人

　　菊尚人为桐乡杭白菊包装，整体采用蓝印花布纹样，外包装以波浪的形式表现小桥流水人家的特点，内包装以酱缸为原型进行改造，以乌镇的特色元素设计杭白菊包装，使之成为乌镇互联网大会指定杭白菊。

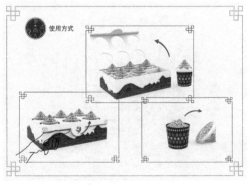

2019中国包装创意设计大赛一等奖
作者：韩伟霞、徐婷/指导老师：王丽

作品名称 藕遇·五彩藕粉羹礼盒

  "藕遇"五彩藕粉羹系列产品包装，产品包括两桶藕粉、荷花勺子和荷叶碗。勺子和碗都是竹制，表面刻有清新文雅的荷花和荷叶花纹。藕粉桶内装有五种材料，包括藕粉、桂花、蔓越莓、黑芝麻、葡萄干。通过旋转上层莲蓬状的盖子，选择玻璃罐中需要的配料，自己搭配不同口味的藕粉羹，富有趣味性。

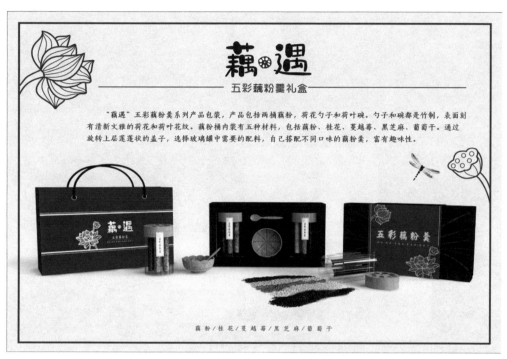

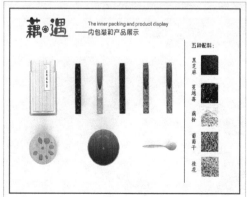

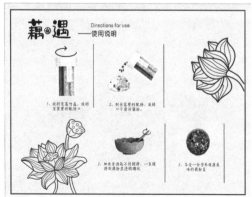

2019中国包装创意设计大赛二等奖

作者：褚丽芳、姚园/指导老师：王丽

作品名称　　　　　　　　# 杨梅制品包装设计

　　老爹的果园系列杨梅制品包装，灵感来源于杨梅的形状和果园风光。由于杨梅的独特形态，其在食用过程中形状变化十分有趣，将其以线条的方式提炼。提取形态后的杨梅又能作为果园风光中的太阳和月亮融于其中，而对于辛勤的果农来说，朝夕相处的水果们又何尝不是他们的太阳和月亮。

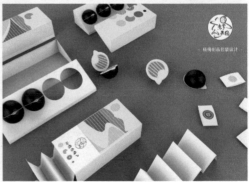

2019中国包装创意设计大赛二等奖

作者：琚思远、林艺如/指导老师：王丽

作品名称　　　　　　乳制品包装设计

　　"奶dodo"为内蒙古乳制品礼盒包装，意为"肚子里有奶""自由酪体"，呼应产品内容的同时契合自由鲜活的内蒙古风情。包装视觉设计采用线条插画的方式描绘草原牧民的生活图景。外包装使用顶翻盖和抽屉盒的多重结构，中层磨砂PVC薄膜结合烫银工艺，隐约透出内部插画，让礼盒的开启过程妙趣横生，且包装可进行二次利用。四种固态乳制品匹配四种祝福语，均采用独立小包的形式进行包装，便于食用，防止粘连（二次利用）。

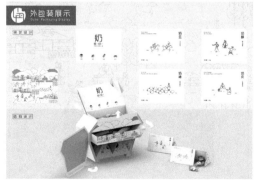

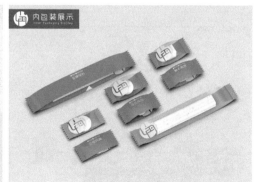

2019中国包装创意设计大赛二等奖

作者：刘雨菡、段怡凡/指导老师：王丽

作品名称　　　　　**"酸丫丫"山西醋糕**

　　"酸丫丫"为山西醋糕包装设计，"酸"说明了醋糕的味道取自山西陈醋，"丫丫"既形容食物的口感，又似戏曲"咿呀"声音，代表山西晋剧文化。本款包装设计提取了山西特有的地域特色——窑洞，又结合了山西非物质文化遗产——剪纸，意图打造具有山西文化特色的产品包装。

2019中国包装创意设计大赛二等奖

作者：任孜艺、林轩名/指导老师：王丽

作品名称　　　**贡糖**

　　来自福建金门的贡糖，木棒"打"出来的味道，保留传统的美味，尝试不一样的吃法，纵享被甜蜜包裹的幸福滋味，与风师爷一道品尝金门名点。"风师爷"作为辟邪招福的吉祥物，寄托民间祛邪祈福的美好愿望。风师爷的刀能够打破人与人间的隔阂，用诙谐的动作和贡糖的甜蜜给人们带来快乐。闽生记贡糖将传统贡糖分为皮、馅两部分分别包装，用户可根据需求自由组合，打破了传统食品只能挑选现成产品、且口味少的约束，将食品的食用和制作结合，让食用过程更具趣味性，在待客时打开话题、促进关系。

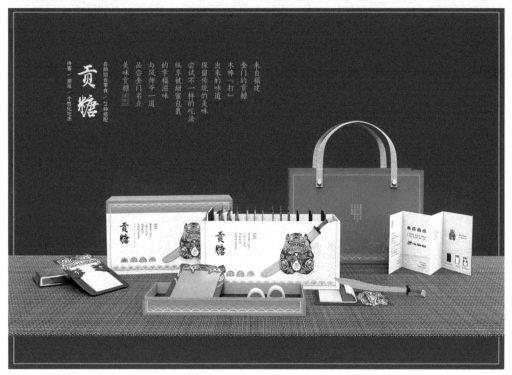

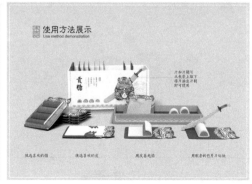

2019中国包装创意设计大赛三等奖

作者：陈旭、吴梦芸/指导老师：王丽

作品名称　　　　　　# 丰登·谷物

　　"丰登·谷物"为杂粮粥包装。"丰登"取自丰收之意，与谷物巍巍之态相契合，整体采用复古的民国风。外包装盒运用"手风琴"式折叠形态，内包装盒采用五种颜色的正反配色，可自由组合。内盒斜面采用透明PP材质，透出的谷物颜色与包装相呼应。在使用过程中，包装的局部可拆卸下来作为辅助工具二次利用，节约时间和成本。

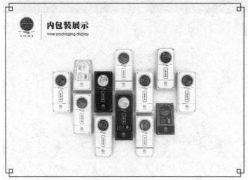

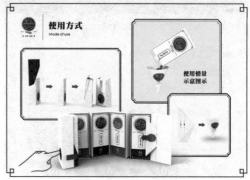

2018中国包装创意设计大赛一等奖
作者：徐浙青、高雅娜/指导老师：王丽

作品名称　　　　**叠叠高积木糖果**

　　一款针对儿童的、将糖果与叠叠高积木玩具相结合的趣味包装设计，玩家抽出积木后既可以吃到糖果，也可以和小伙伴们进行多人游戏，是对包装进行的延伸设计，符合绿色低碳理念。

一款针对儿童的、将糖果与叠叠高积木玩具相结合的包装设计，玩家抽出积木后还可以吃到糖果，也可以和小伙伴们进行多人游戏。

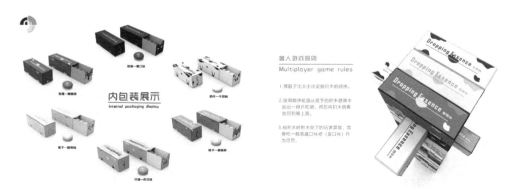

2018中国包装创意设计大赛二等奖

作者：裘嘉诚、姜铭棋/指导老师：王丽

作品名称　　　　　　十二生肖缤纷雪糕（Chill Popsicle）

　　现有棒冰的包装设计在视觉表达上各有各的特色，但是没有创新点，而棒冰的棍子却有可以发掘之处。一般吃完棒冰后的棍子就会被扔掉，但我们从中发掘到了可利用之处，将棒冰棍做成果叉，并且利用中国传统的十二生肖为主题，并将其抽象化，能够吸引消费群体，尤其是儿童。当人们犹豫不定该选哪个时，可以根据自己的属相或者喜欢的动物来选择。运输的包装是十二边形，呼应十二生肖，果盘和棒冰是上下分隔，整体便于存放，面积使用最大化。

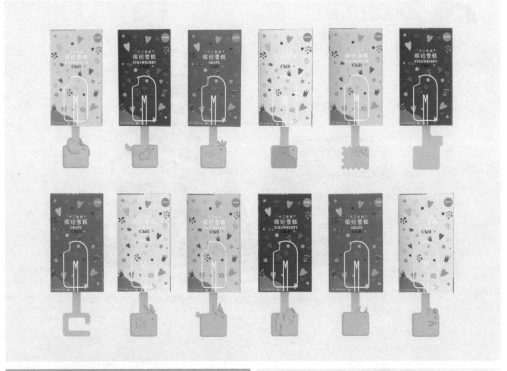

2017中国包装创意设计大赛二等奖
作者：许丽、陈晓燕/指导老师：王丽

作品名称 　　　　　　　　一卷在手——可伸缩塑料蔬菜包装

　　这款可伸缩蔬菜包装使用可降解材料，运用广告扎带的设计原理使活动的连接件稳固而灵活，可根据蔬菜量的大小随意变化。结构一体化设计，生产成本低，方便使用，在保证经济性的同时又增加了美观性与良好的客户体验。

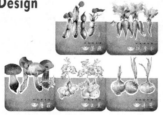

2017中国包装创意设计大赛二等奖

作者：李由、王丹娜、沈德超/指导老师：王丽

第二节　日用、文创产品包装创新设计

作品名称　　　　　　**蜗牛数据线包装设计**

　　蜗牛数据线包装设计是以学生时代、青年时代和婚姻时代为系列创意来源。每根数据线都配有蜗牛时代的瓦楞纸外包装以及两个夹子，可以根据自己的喜好购买数据线。包装用材简单且用量少。外包装可以作为桌面摆件，也可以作为消遣时光发呆的玩具套，用手按压外包装背部的尾巴，便可以使其弹跳起来。夹子既是收纳的工具，又是简易版手机支架。

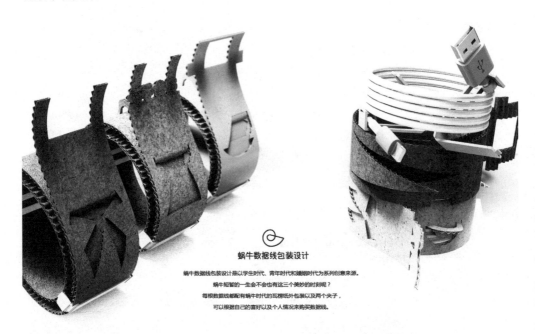

2018中国包装创意设计大赛二等奖
作者：郑宁、刘娟/指导老师：王丽

儿童牙刷包装设计

　　造型可爱的外包装模拟戴帽子的卡通人物，将嘴巴部分张开，使牙刷成为包装的一部分。这套系列包装色彩清新，配色自然。中间的透明薄膜可以撕开，开口在下方。牙刷包装的图标是以萌牙为中文字，配以MEYYA的英文。上方的帽子有孔，可挂放。牙刷包装是带帽的意象人物，使得牙刷头正好与大嘴巴契合。色彩主要由淡色系的粉、蓝、绿组成，包装正面是包装图标。一个包装盒里有两支牙刷，在使用一支牙刷的同时，不影响包装的外观。

造型可爱的外包装模拟戴帽子的卡通人物，将嘴巴部分张开，使牙刷成为包装的一部分。这套系列包装色彩清新，配色自然。

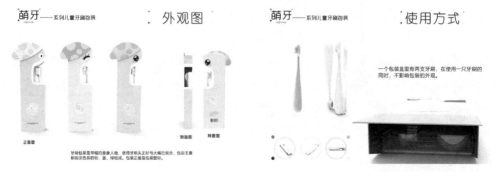

2018中国包装创意设计大赛三等奖

作者：方江萍、林紫芳/指导老师：王丽

作品名称　　　　"昆虫"灯泡包装设计

　　包装造型灵感来源于昆虫，从蜜蜂、七星瓢虫、蝴蝶的造型中提取出抽象的图形，通过和灯泡的组合，使之成为一个可爱的昆虫，让包装和灯泡的结合更加紧密。此包装运输时双翅膀闭合，使用时打开即可，包装无需丢弃。此包装充分利用了产品与外包装的组合形式，使两者都发挥其功能，减少包装废弃物的产生。

2017中国包装创意设计大赛三等奖
作者：张磊、蔡世凯/指导老师：王丽

作品名称　　　　　**蜡烛包装设计**

MILJO香薰蜡烛系列包装设计品牌名称取自希腊语"环境"一词。四款蜡烛香型各异，外包装色彩与图案根据各种花香调及其所渲染的环境氛围演变设计而来，希望使用者能从包装视觉化的层面就感受到产品使用时的氛围。香薰蜡烛内部隐藏有对应的花型摆件，在蜡烛燃烧过程中可营造别具一格的效果。蜡烛燃尽便可取出作为桌面装饰，空蜡烛罐则可作为笔筒、花瓶或作其他用途，符合二次利用理念。

2018中国包装创意设计大赛二等奖
作者：陈殊颖、滕灵豪/指导老师：王丽

护肤品包装设计

护肤品包装设计，品牌名称为COVENIAL（可维妮），元素为提取蜂蜜的精华。在结构上，内装小瓶的形状采用蜂蜜元素进行再设计，形成一系列具有蜂蜜元素的外形，同时在视觉上，大块面积通过笔触的方式将蜂蜜元素很好地进行提炼。瓶身用的是橘黄色的金属材质，与黄色的笔触面积成对比，给人视觉的冲击感。

2017中国包装创意设计大赛三等奖

作者：汪婷、徐夏燕/指导老师：王丽

作品名称　　　　　　　**润肤乳包装设计**

　　根据该润肤乳所含深海精华的含量由少到多，设计了四款主色调由浅到深变化并结合波浪由低到高的变化的包装。包装盒为天地盖结构，每个系列盖子的镂空细节为对应海洋分层处生活的水生物。包装盒内部的平铺图案与盖子上镂空的图案相呼应，将盒子展开，浮现出水生物，犹如漫步在海洋世界。该包装设计还结合了二次利用的功能，把盖子套在盒身底部，将原本展开的包装进行"塑形"可用于插放化妆笔。

2017中国包装创意设计大赛三等奖
作者：王婉婷、俞佳辰、汪璟玥/指导老师：王丽

作品名称　　　　　　　　# 彩色智力棒玩具盒包装设计

　　Z-Rods智力棒彩色计算玩具盒将包装和产品本身结合，包装即产品的一部分，以120mm×110mm×85mm的木盒为主体，表面附有强力吸铁磁，可与内装数字方块结合，自由想象拼接，组合成各种不同形态的小动物，除了装智力棒外还可以作为娱乐玩具，一物多用，符合可重复利用理念，达到绿色低碳的效果。手提袋包装和木盒表面的贴纸则成系列化设计，给人一种视觉冲击感。

2017中国包装创意设计大赛二等奖

作者：李晓惠、沈洁/指导老师：王丽

作品名称　　　　　　# 彩色铅笔包装设计

　　玛蒂卡彩铅的包装设计以试管和试管架为创意，每根彩铅配有一根亚克力透明试管和一个软木试管塞，试管塞可作为便签夹和零食袋夹，而试管架同时也是笔筒，试管则可以插上几根绿色植物，既美观又实用。试管架外提手可翻折，向上翻作为提手，图案以春夏秋冬的童话世界为主题，向下折则可作为小日历。整体包装充分融入二次利用理念，符合绿色低碳。

单独提手展示

2017中国包装创意设计大赛二等奖
作者：李晓惠、沈洁/指导老师：王丽

作品名称　　　　　**榫卯玩具包装设计**

此套系列收纳设计，目的在于探索榫卯结构化设计，以人们所熟悉的十二生肖抽象表情作为载体，去诠释榫卯结构的巧妙运用，同时发挥榫卯结构的可拆卸性能，将桌面收纳做成扁平化包装设计，便于运输，达到绿色低碳目的。

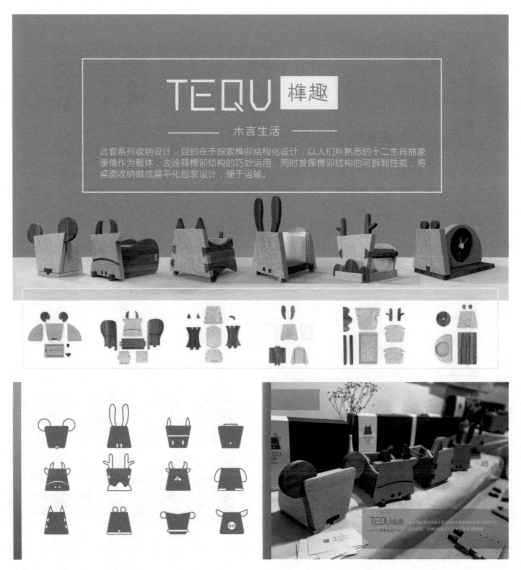

2018中国包装创意设计大赛一等奖
作者：汪婷/指导老师：王丽

作品名称

山茶油手工皂包装礼盒系列设计

　　该系列包装礼盒共含有四种香型的手工皂，它们的小包装上分别设计了与之相对应的花型图案和色彩，方便使用者辨别。小包装可直接作为香皂盒贴于墙面使用，充分发挥包装性能，达到绿色低碳目的。内包装方便香皂沥水的隔板也设计有花型纹路。与小包装呼应，外包装上的标志则是提取了茶叶叶脉元素与"木言"品牌名结合而得。

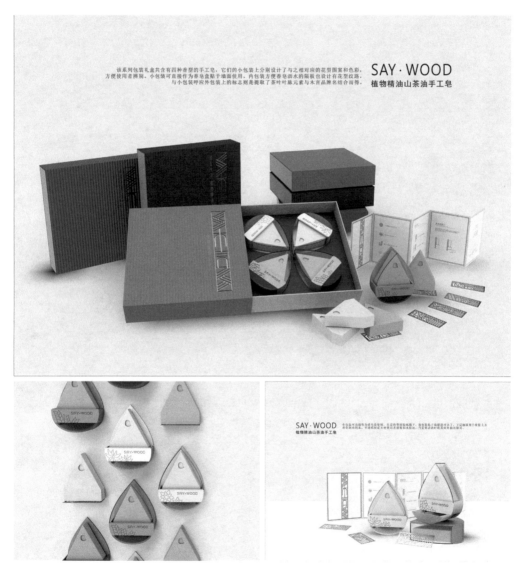

2018中国包装创意设计大赛二等奖

作者：陈旭、王雯藜、顾倩颖／指导老师：王丽

山茶油手工皂包装设计

　　植物精油山茶油手工皂系列分为四种香型，手工皂颜色与其香型统一。在包装上设计了一块金属镂空隔板，起到过滤水的作用。等手工皂用完之后还能作为装饰品使用。盖子采用亚克力，其透明性更能直观感受到手工皂的外观。整个包装还能作为小型物体的收纳装饰等其他用途，充分发挥包装用途，符合绿色低碳理念。

2018中国包装创意设计大赛二等奖

作者：顾倩颖、王雯藜、陈旭/指导老师：王丽

作品名称　　　　　　# 山茶油手工皂包装礼盒设计

　　该系列包装礼盒设计共有四款颜色，与礼盒中不同植物精油的手工皂颜色相对应。在打开礼盒后，四种植物精油的手工皂由不同花型的图样衬托，具有独特的视觉效果。礼盒盖上部中的木质图样，在使用手工皂时可以拿出来当作托盘。

2018中国包装创意设计大赛三等奖
作者：王雯藜、陈旭、顾倩颖/指导老师：王丽

第三节　品牌创意类包装创新设计

遂昌石练宏象村茶叶包装设计

⊃ 品牌概念

品牌名称：遂春茶。

品牌核心："生态、农耕、文化、养心"。提炼自宏象村拥有独特的地理气候条件、梯田景观，丘陵土层深厚，茶园山林多，自然环境好，村美人和，物华天宝；原始农耕的劳作方式、"以动养生"的观念，让人们体验古老农耕文化，感受对天地的敬畏之情；居民以畲族为多，历史文化积淀深厚，民族风情浓；空气中的负氧离子具有养生功能，邻近的神龙瀑负氧离子浓度浙江省第一。山、水、生物、人等风光展现了"天人合一"的精神实质，是集健康、康复、保健、养生、度假于一体的特色小镇，符合人们对"健康、愉快、长寿"的向往。

品牌定位："修身养心生态茶"。符合集健康、康复、保健、养生、度假于一体的特色小镇，与人们对"健康、愉快、长寿"的向往相呼应。宏象村经过悠久的历史演变，儒释道畲齐全，融合山、水、生物、人等风光，展现了"天人合一"的精神实质（图4-2）。

图4-2　遂春茶品牌概念

⊃ 包装创新设计

以"遂春茶"为品牌，围绕品牌核心理念和定位进行多款茶叶包装创新设计。根据不同消费人群，分为办公款（图4-3）和礼盒款（图4-4）。如图4-3，这款包装主视觉图案从一壶茶开始，茶水向下倾倒流至杯盏中，茶中融入了石练宏象的山、太虚观、茶田这些自然人文景观，山的高低错落，若隐若现表现出当地生态环境之好，太虚观前道士的背影巧妙地将当地道教文化融入其中，近处层层茂密的茶田徐徐展开。整体构图充分表现出"春显杯盏"的品牌口号，自然生态的孕育、当地文化的熏陶，经过这些的滋养，最终浓缩在这盏茶中，才有了这一杯好茶。在色彩的运用上以蓝绿色调为主，表现出茶的自然生态，春的生机盎然。

图4-3 办公款茶叶包装

如图4-4，包装平面元素参考宏象村茶园的实景，结合手绘，绘制出茶园修身养心之境。太虚观隐在茶园之中，有拨云见日之感，同时暗喻人们归隐于宏象山水之中，享道家清静之乐。采用雾霾蓝、鹅黄，粉红、蓝绿的撞色设计，带来轻松、活泼的氛围，更符合年轻受众的需求。外壳采用纸袋设计降低成本，内包装选用更经济实惠易保存的罐装，易用性高。

　　如图4-5，图案上以茶杯为出发点，在茶杯中融入太虚观、茶山、茶叶、云纹等主要元素，诠释"遂隐太虚，春显杯盏"的品牌口号与"修身养心生态茶"的品牌定位。从整体看，就如"一杯好茶"的感觉。内盒为抽拉形式，使用方便。

　　如图4-6，包装在色彩的运用上采用黑白色与金色、黑金与白金的搭配给人以高级感。图形的设计上，用线勾勒出山的形状，层层排列的秩序感表现出茶田层层递进的形式，将太虚观隐于山峦之中，体现出品牌口号中"遂隐太虚"的理念。在周围以祥云、茶叶为点缀元素，丰富画面。

图4-4　礼盒款茶叶包装

图4-5　遂春茶茶叶包装一

图4-6 遂春茶茶叶包装二

苏庄茶产业包装设计

⊃ 品牌概念

品牌名称：璋品贡。

品牌核心："文化、生态、工艺、管理"。茶叶采自国家40个自然保护区之一的古田山，负氧离子浓度高，拥有原生态健康品质。融入朱元璋历史，主打御用茶品。千年种茶，史传良品，打造茶瓷旅三位一体的产业体系。传统与现代工艺相结合，打造特色健康野茶，凸显古传风味。苏庄茶叶协会管理，严格把控质量体系，远高于国家标准的检测体系。

品牌定位："古田山御品生态茶"。当地具有极佳的地理位置与自然条件，彰显产茶环境优良，同时引用其作为贡茶的历史以体现品质（图4-7）。

⊃ 包装创新设计

以"璋品贡"为品牌，围绕品牌核心理念和定位进行多款茶叶包装创新设计。如图4-8，这款包装图案上描绘了古田山优美的自然风光，也体现了茶叶的产地优良、品质好的特点，呼应"璋品贡"以皇家御贡为特色的生态茶叶包装品牌理念。包装正反两面色系相近，图案相连，红茶为暖色系，绿茶为冷色系。

图4-7　璋品贡品牌概念

如图4-9，将古田山的优美生态风景进行简化，以线条的形式展现出来，作为包装的主要图案。该款包装采用小罐茶的形式，凸显出尊礼款的定位——高端。另外在包装上，还专门设计了专属璋品贡的一个金属配件，提升了整个包装质感。

如图4-10，茶瓷包装设计，将当地龙坦瓷与苏庄茶相结合，提取传统中式圆八角作为包装外形，用九宫格形式分别记录茶

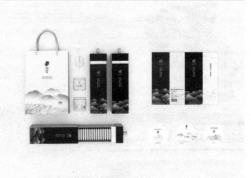

图4-8　璋品贡茶叶包装一

图4-9　璋品贡茶叶包装二

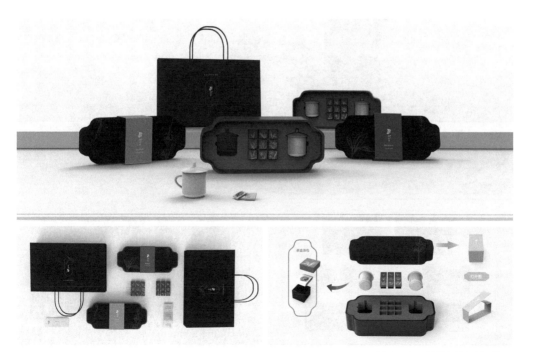

图4-10　璋品贡茶叶包装三

叶生长过程和各种形态。此产品将御用苏庄茶叶分为两种形式呈现，分别是苏红茶与苏绿茶，红茶颜色以朱元璋服饰中的红色为主，且与红茶种类相呼应，产生一定的系列感。绿茶颜色以苏庄茶叶的绿色为主，且与绿茶种类相呼应，产生一定的系列感。两者搭配标志性的花纹让人耳目一新。品皇家御供茶与盏透亮龙坦瓷的搭配，别有一番风味。

如图4-11，包装整体采用皇家黑金配色，加以茶绿色点缀。将采茶、筛茶、御贡的一系列过程展现于外包装设计中，体现了古田山御品生态茶的文化性与生态性。花纹采用彩印与暗纹结合的工艺，富有内涵，低调奢华。内包装设计采用朱元璋时期的艺术风格，内外呼应。此外它也是一款便携茶盘，整体兼具实用性与文化性。

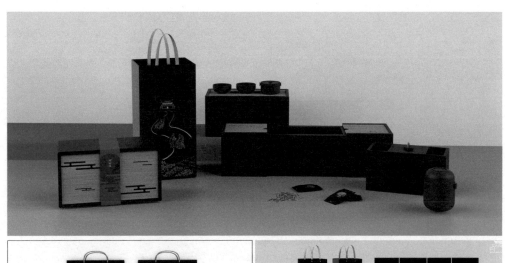

 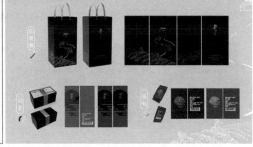

图4-11 璋品贡茶叶包装四

开化林山农礼包装设计

○ 品牌概念

品牌名称： 寻林记。

品牌核心： "生态、文化、制法、口感"。林山乡2007年被命名为省级生态乡镇，水土特殊，尤宜种植农产，植株品质远超他地。白石尖，海拔1453.7米，为林山乡的主源头。从溪口乡到霞湖公社到溪口公社再到林山公社，区域组织的近代演变、发展，映射的是近代农业的点滴与进步。农家土法手工制品，纯天然无添加，还原幼时老味道。农民精耕细作纯手工种植，打造原生态特色林山农产品。好山好水老手艺，赋予林山乡农产品独一无二的优质口感。

品牌定位： 林山乡农旅融合的发展新模式，已使其农产品在国内外具有一定的知名度；打响"生态"口号，体现林山乡农产品的纯天然、高品质、生态有机、健康营养，最大限度地保留各种营养成分；侧重品牌文化传递理念，从"礼"文化出发，止于至善，健康至上，以明确的特产区域性指引及商品文化导向来打开市场（图4-12）。

○ 包装创新设计

以"寻林记"为品牌，围绕品牌核心理念和定位对四款农产品（菊花、番薯、蜂蜜、茶叶）进行包装创新设计。如图4-13，是素描科普风格的农产品系列包装设计，展现了农产品光影之下的姿态，用光影的表现技法突出农产品的特征，同时也暗含林山农产品在雨露阳光的滋润普照之下美好而自然。此系列包装为简装设计，用材简单，便于运输和销售，符合绿色低碳理念。

如图4-14，这是一系列通过版画形式展现出的农产品包装设计，以此树立品牌形

图4-12　寻林记品牌概念

象。其中金丝皇菊、大皇菊、番薯包装设计以强烈的色彩对比展示出来。盒装设计采用林山乡风景图案，与菊花、番薯实物交相呼应。金丝皇菊另作罐装包装，图案与信息分开设计，丰富了包装形式。而蜂蜜和茶叶的包装则采用了黑白版画的形式。

如图4-15，这是一系列整体以插画的形式展现出来的包装设计，将林山乡的风景进行元素提取，得到"山""田""茶山"，还有极具特色的"农村小屋"，将这些元素进行组合创作，构成了一幅具有林山特色的插画，描绘出林山乡美丽的田园风光，既体现了该包装的产品属性，又与市面上常规的茶叶包装区别开来，别具特色。

图4-13
寻林记农产品包装一

图4-14 寻林记农产品包装二

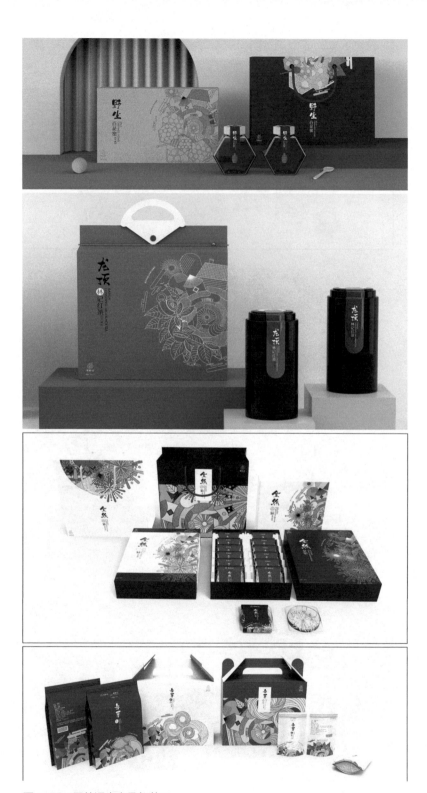

图4-15 寻林记农产品包装三

参考文献

[1] 余成，柳冠中.低碳理念下产品包装的简约设计研究.包装工程,2015,36（18）：
     37-40.

[2] 俞大丽.低碳经济背景下绿色包装发展之路探析.江西社会科学,2011,31（12）：
     225-229.

[3] 刘亦文，胡宗义.我国低碳包装发展机制与体系研究.包装工程,2012,33（07）：
     140-145.

[4] 刘宗明，赵月浩.基于产品全生命周期理念的食品包装低碳设计.食品与机械，
     2018,34（04）：128-131,67.

[5] 刘建龙，刘柱.绿色低碳包装材料应用和发展对策研究.包装工程,2015,36
     （19）：145-148.

[6] 刘羽，孙超.低碳环境下食品包装的优化设计.包装工程,2012,33（18）：
     108-111.

[7] 孙超.低碳环境下食品包装设计创新研究.包装工程,2012,33（10）：95-98.

[8] 安美清，向万里.低碳包装发展模式及其生命周期分析.生态经济,2012（05）：
     174-176.

[9] 张勇军，胡宗义，刘亦文.包装产业低碳化发展中的利益相关者研究.包装工
     程,2013,34（01）：142-145.

[10] 徐丽，周信冠彤，刘心宇，等.低碳经济下绿色快递包装纸箱的模数化研究.
     包装工程,2021,42（23）：146-154.

[11] 徐旭.低碳物流系统的构建及其特征研究.商业时代,2011（10）：23-24.

[12] 徐锋，纪杨建，顾新建，等.基于主成分分析的产品低碳包装概念设计方法.
     浙江大学学报（工学版）,2014,48（11）：2009-2016.

[13] 戴宏民.低碳经济与绿色包装.包装工程,2010,31（09）：131-133,7.

[14] 戴宏民，戴佩华.食品包装与低碳经济.食品工业科技,2010,31（06）：28,
     30,2.

[15] 戴雪红，黄蜜.基于低碳经济时代下包装低碳设计的实现途径.包装工程，2011，32（08）：75-78.

[16] 李一枚.论礼品包装的设计提升.包装工程，2011，32（20）：108-110，23.

[17] 李娜.低碳理念下的食品包装再设计研究.包装工程，2016，37（10）：174-177.

[18] 李根启.基于低碳环保理念的食用菌产品包装视觉传达设计策略.中国食用菌，2020，39（06）：126-128.

[19] 李碧茹，李光耀，李泽蓉.基于包装生命周期的低碳包装与优化设计.铁道运输与经济，2013，35（10）：88-92.

[20] 杨光，鄂玉萍.低碳时代的包装设计.包装工程，2011，32（04）：81-83.

[21] 王东.低碳经济视野下出版物包装材料的应用现状与对策研究.包装工程，2011，32（24）：127-129.

[22] 胡宗义，刘亦文，戴钰.低碳包装产业碳排放统计的必要性及对策探讨.包装工程，2012，33（17）：136-140.

[23] 薛生辉，薛生健.低碳经济视角下控制过度包装的对策与途径.装饰，2014（08）：127-128.

[24] 薛生辉，高志强，藏勇.低碳包装设计对低碳城市构建的意义.南京艺术学院学报（美术与设计版），2013（03）：152-154.

[25] 訾鹏.低碳经济影响下的包装低碳设计模式研究.包装工程，2010，31（12）：130-132，5.

[26] 韩薇薇，孙超.低碳经济视角下的食品包装法律问题研究.特区经济，2011（11）：258-261.

[27] 韩薇薇，孙超，王殿华.低碳经济环境下中国食品包装安全与优化体系构建.经济问题探索，2012（07）：6-12.

[28] 段向云，陈瑞照.美、德、日流通废弃物低碳处理经验及启示.环境保护，2017，45（13）：65-68.

[29] 周致欣.低碳设计理念下的月饼包装设计研究.包装工程，2014，35（24）：95-98.

[30] 姚英.虚拟现实技术下产品包装低碳环保的绿色设计.现代电子技术，2019，42（24）：163-166.

[31] 张利艳，张波.创意时代低碳包装的哲学内涵及其发展对策研究.江淮论坛，2014（05）：151-154，80.

[32] 徐锋，纪杨建，祁国宁，等.基于低碳与成本约束的机电产品包装概念设计.机械工程学报，2014，50（10）：199-205.

[33] 熊薇.低碳家具创新设计的研究.包装工程，2012，33（04）：68-71.